中等职业教育课程改革国家规划新教材
全国中等职业教育教材审定委员会审定

土木工程识图

（道路桥梁类）

杨玉衡　主编

皇甫平
傅刚斌　主审

中国建筑工业出版社

图书在版编目（CIP）数据

土木工程识图（道路桥梁类）/杨玉衡主编．—北京：中国建筑工业出版社，2010（2024.6重印）
中等职业教育课程改革国家规划新教材．全国中等职业教育教材审定委员会审定
ISBN 978-7-112-12017-8

Ⅰ.土… Ⅱ.杨… Ⅲ.土木工程—建筑制图—识图法—专业学校—教材 Ⅳ.TU204

中国版本图书馆CIP数据核字（2010）第067474号

本书根据《中等职业学校土木工程识图（道路桥梁类）教学大纲》编写，分为基础模块和专业模块两部分，共9个单元，在介绍制图的基本知识的基础上，重点讲解了道路工程图识读、桥涵工程图识读、隧道工程图识读。教材内容由浅入深、循序渐进，符合中职学生的阅读心理与认知规律；形式上图文并茂，能提高学生的学习兴趣；在每个单元后面附有训练活动，体现"做中学"的教学理念。

为便于教学，作者特制作了电子课件，如有需求，请发邮件至cabpbeijing@126.com索取。

责任编辑：朱首明 王美玲
版式设计：杨 虹 楚 楚
责任设计：赵明霞
责任校对：陈晶晶 关 健

中等职业教育课程改革国家规划新教材
全国中等职业教育教材审定委员会审定

土木工程识图
（道路桥梁类）
杨玉衡 主编
皇甫平
傅刚斌 主审

*

中国建筑工业出版社出版、发行（北京海淀三里河路9号）
各地新华书店、建筑书店经销
北京嘉泰利德公司制版
廊坊市海涛印刷有限公司印刷

*

开本：787毫米×1092毫米 1/16 印张：16 插页：1 字数：393千字
2010年7月第一版 2024年6月第六次印刷
定价：48.00元
ISBN 978-7-112-12017-8
（39341）

版权所有 翻印必究
如有印装质量问题，可寄本社图书出版中心退换
（邮政编码100037）

中等职业教育课程改革国家规划新教材
出版说明

为贯彻《国务院关于大力发展职业教育的决定》(国发〔2005〕35号)精神,落实《教育部关于进一步深化中等职业教育教学改革的若干意见》(教职成〔2008〕8号)关于"加强中等职业教育教材建设,保证教学资源基本质量"的要求,确保新一轮中等职业教育教学改革顺利进行,全面提高教育教学质量,保证高质量教材进课堂,教育部对中等职业学校德育课、文化基础课等必修课程和部分大类专业基础课教材进行了统一规划并组织编写,从2009年秋季学期起,国家规划新教材将陆续提供给全国中等职业学校选用。

国家规划新教材是根据教育部最新发布的德育课程、文化基础课程和部分大类专业基础课程的教学大纲编写,并经全国中等职业教育教材审定委员会审定通过的。新教材紧紧围绕中等职业教育的培养目标,遵循职业教育教学规律,从满足经济社会发展对高素质劳动者和技能型人才的需要出发,在课程结构、教学内容、教学方法等方面进行了新的探索与改革创新,对于提高新时期中等职业学校学生的思想道德水平、科学文化素养和职业能力,促进中等职业教育深化教学改革,提高教育教学质量将起到积极的推动作用。

希望各地、各中等职业学校积极推广和选用国家规划新教材,并在使用过程中,注意总结经验,及时提出修改意见和建议,使之不断完善和提高。

教育部职业教育与成人教育司
2010年6月

前　言

本教材是依据教育部《中等职业学校土木工程识图教学大纲》的要求编写的新教材。适用于道路与桥梁工程施工、市政工程施工等专业，其特色如下：

1. 注重工程图的识读能力培养

识读工程图的难点在于根据平面图形构思出立体形状，这需要一个有效的训练过程。本书在基础模块部分，采取三视图与实物立体图对应的方式，训练学生的空间思维能力。在专业模块部分，选用典型工程图实例，解读识图的方法和步骤，通过反复的识读活动，强化识图技能。

2. 符合由感性到理性的认知规律

本教材在每个单元的开头都撰写了概述内容及学习要点，对本单元的内容采取由浅入深，由感性到理性的引入编排。这对教师而言有利于把握教学过程的思路，对学生来说有利于理解具体实物和工程图的关系。也是由简到繁、由浅入深、循序渐进学习过程的需要，是教与学的导引。

3. 体现"做中学"的教学理念

本教材每个单元都安排有针对性的训练活动。这些训练活动简单易做，有详尽的制作方法，便于学生动手操作，为实现"做中教、做中学"提供了良好的素材，对培养学生善于观察和勤于动手的良好习惯，逐步提高空间想象能力大有裨益。

4. 呈现形式图文并茂

为符合中等职业学校学生的阅读心理与习惯，本教材在内容和形式上，力求图文并茂，通俗易懂。名词术语、符号、计量单位规范、统一，符合我国制图的有关标准与规范。

本书由广州市市政职业学校杨玉衡任主编，上海城市建设工程学校程和美任副主编。杨玉衡编写了绪论、单元3、单元4的4.4、单元8、单元9；程和美编写了单元4的4.1～4.3、单元7的7.9；上海城市建设工程学校杨艳编写了单元7的7.1～7.8；天津市政工程学校臧金玲编写了单元1；广州市市政职业学校郭雅编写了单元2、单元5、单元6。本书由北京工业大学皇甫平副教授和湖南工程职业技术学院傅刚斌副教授主审，在此表示感谢。

书中标注"*"的内容为选修内容，各学校可根据实际情况进行选择和安排教学。

由于编者水平有限，不足之处，敬请批评指正。

编者

2010年2月

CONTENTS
目录

1	绪论
3	基础模块
3	单元1　制图的基本知识
3	1.1　制图工具与用品
7	1.2　制图标准简介
7	1.3　图幅
8	1.4　图线
10	1.5　字体
11	1.6　比例
11	1.7　尺寸标注
15	【训练活动】
17	单元2　几何作图
17	2.1　直线的平行线和垂直线
18	2.2　等分线段
19	2.3　正多边形画法
20	2.4　徒手作图
22	【训练活动】
24	单元3　投影的基本知识
24	3.1　投影的概念和分类
26	3.2　三面正投影图
30	3.3　点的投影
33	3.4　直线的投影
39	3.5　平面的投影
44	【训练活动】

46	**单元4**	**形体的投影**
47	4.1	平面体的投影
54	4.2	曲面体的投影
61	4.3	组合体的投影
75	4.4*	截切体和相贯体的投影
85	【训练活动1】	
86	【训练活动2】	
89	【训练活动3】	
91	【训练活动4】	

92	**单元5**	**轴测投影**
92	5.1	轴测投影的基本知识
93	5.2	轴测图的画法
98	【训练活动】	

99	**单元6**	**剖面图和断面图**
99	6.1	剖面图
104	6.2	断面图
106	【训练活动】	

108	**专业模块**

108	**单元7**	**道路工程图识读**
108	7.1	概述
112	7.2	标高投影与地形图
120	7.3	道路工程平面图
125	7.4	道路工程纵断面图
134	7.5	道路工程横断面图
142	7.6	道路工程结构图
145	7.7	道路工程交叉口
148	7.8	挡土墙工程图

151	7.9 排水管道工程图
163	【训练活动1】
169	【训练活动2】

171　单元8　桥涵工程图识读

171	8.1 概述
178	8.2 桥位平面图及地质断面图
181	8.3 桥型总体布置图
185	8.4 桥梁下部结构图
189	8.5 桥梁上部结构及钢筋构造图
210	8.6 涵洞工程图
217	8.7 钢结构
224	【训练活动】

229　单元9　隧道工程图识读

229	9.1 隧道工程概述
231	9.2 隧道工程图
243	9.3* 通道工程图
245	【训练活动】

246　主要参考文献

绪论

工程图样被喻为工程界的"技术语言",学习本课程的目的是培养学生掌握这种"技术语言",能够熟练地应用"技术语言"开展各项工程技术交流活动,成为合格的工程技术人员,为今后从事道路、桥梁、市政工程的施工和管理打好基础。

一、本课程的学习目标

1. 能够运用正投影法的基本原理和作图方法,熟练识读和绘制形体投影图;
2. 了解制图有关国家标准在土木工程图样中的应用;
3. 具备识读常见土木工程图样的能力;
4. 会正确使用常用绘图工具,并具备徒手绘制简单工程图样的能力;
5. 理解工程图样的成图规律,初步形成空间想象和思维能力;
6. 具备查阅标准图集和处理相关信息的能力;
7. 树立严谨认真的职业意识,养成耐心细致的工作习惯,具备良好的职业道德。

本课程具有承上启下的性质,学习本课程会用到工程材料、工程测量等已学过的知识,也是为后续的道路工程、桥梁工程、工程计量与计价等专业课的学习创造条件。因此,本课程是道路与桥梁工程施工、市政工程施工等专业的基础课程之一。

二、本课程的学习方法

全书分为两大模块:基础模块共设 6 个单元,建议 48 ~ 54 学时;专业模块共设 3 个单元,建议 26 ~ 36 学时。

学好绘制和识读工程图,前提是掌握投影的基本知识。投影的基本知识包括了点、线、面、体的投影规则和相互关系,本教材基础模块就是遵循了"由简到繁、由浅入深、循序渐进"的认知规律,按照点、线、面、体的顺序组织编排。但是,在学习过程中,不要脱离空间形体而抽象地学习一个点、一条线、一个面的投影关系。而应该在学习点、线、面的投影时,把具体的空间形体联系起来考虑,这样,抽象的问题就变得形象直观,容易理解。要取得良好的学习效果,还应注意以下几个问题。

  1. 本课程是一门实践性很强的核心课程，初学者往往感到抽象难懂。因此，学习中应养成"做中学"的动手习惯，才能化抽象为具体。充分利用本教材每个单元编排的"训练活动"的素材，亲自动手制作"训练活动"项目，在制作过程中学习投影原理，制作完成后，通过反复观察，理解投影关系。这些训练活动简单易做，并有详尽的制作方法，选用常见的材料（如纸板、橡皮泥、钢丝等），便于学生动手操作，对培养学生良好的观察能力和动手能力、提高空间想象力大有裨益。

  2. 正确理解"识图"与"画图"的关系。学习本门课程的目的是识读工程图样，掌握"技术语言"。然而，"画图"是达到"识图"的重要途径，通过画图可以有效地加深对图样的理解，显著地提高识图能力。本教材基础模块部分的画图学习，既是对投影原理理解的加深，也是为专业模块的工程图纸识图奠定了基础。因此，在专业模块教学中应适时地复习基础模块部分的相关知识，可以收到事半功倍的教学效果。

  3. 专业模块的内容，涉及的专业知识较多。同学们在学习中，一方面要认真阅读工程图纸说明和涉及的专业知识内容；另一方面应主动观察实际的道路、桥梁工程，对照实物进行识图。对工程结构图的识读，尽量利用工程模型、视频资料等帮助学习。需特别指出的是，在专业工程图的识读中，能否完整准确地识读工程结构的尺寸数据，正确分析计算工程数量，是专业图纸识读的重要内容，也是衡量是否读懂工程图纸的判断依据。

基础模块

学习重点

1. 了解常用绘图工具和用品，会使用常用绘图工具；
2. 了解制图国家标准的主要内容；
3. 了解图纸幅面、标题栏的规定；
4. 会按规范要求书写长仿宋体字、数字和常用字母；
5. 理解比例的概念和规定；
6. 掌握尺寸标注的组成、规则和方法。

单元1 制图的基本知识

1.1 制图工具与用品

道路桥梁工程图的绘图工具和用品有图板、丁字尺、三角板、铅笔、比例尺、圆规、分规、绘图墨水笔、图纸及其他用品等。了解它们的性能、会正确使用，并注意维护保养，是提高绘图质量、加快绘图速度的保证。

1.1.1 图板

图板是固定图纸用的，如图 1-1 所示。图板要求板面平整，板边平直，尤其左边的工作边一定要垂直。用透明胶带将图纸的四角粘贴在图板上，图纸正面向上，图纸平整，紧贴图板。不能用图钉、小刀等损伤板面，更不能受潮、暴晒或烘烤，以防板面翘曲或开裂。

图板的大小有 0 号、1 号、2 号等不同规格，可根据所画图幅的大小而选定。

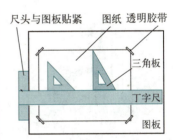

图 1-1 图板、丁字尺、三角板、图纸

1.1.2 丁字尺

丁字尺由尺头和尺身组成。尺头和尺身互相垂直。

丁字尺主要用于画水平线。绘图时将尺头紧靠图板左侧，作上下移动可画出平行的水平线，如图 1-2 所示。切勿把丁字尺头靠图板的右边、下边或上边画线，也不得用丁字尺的下边缘画线。

丁字尺用完后应挂起来，以防止尺身变形。

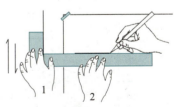

图 1-2 丁字尺的使用方法
1—左手移动尺身至所需位置，右手画线；
2—当画线位置距尺头较远时移动左手固定尺身

3

1.1.3　三角板

三角板由两块组成一副。一块是 45°等腰直角三角形，另一块是 30°和 60°直角三角形。

两块三角板配合使用，可以画任意直线的平行线和垂直线，如图 1-3、图 1-4 所示。

三角板应避免摔碰，并保持各边平直。

三角板与丁字尺配合使用，可以画竖直线及 15°、30°、45°、60°、75°等倾斜直线以及它们的平行线，如图 1-5、图 1-6 所示。

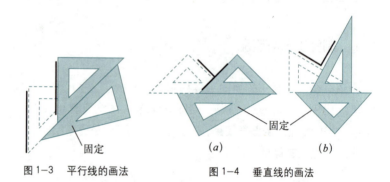

图 1-3　平行线的画法　　　图 1-4　垂直线的画法

1.1.4　铅笔

绘图铅笔的铅芯有软硬之分，B 代表软铅芯，B～6B；H 代表硬铅芯，H～6H；常用 2H、H、HB、B，草稿图用 H 或 2H，加深图线可用 HB 或 B，粗线条加深用 2B。画长线条时，适当转动铅笔，保持线条粗细一致。

削笔：应削去笔杆长度约 25～30mm，露出的铅芯长度约 6～8mm 为宜，如图 1-7 所示。

图 1-5　竖直线的画法

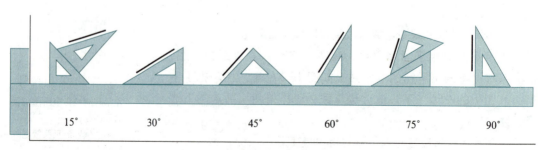

图 1-6　三角板与丁字尺配合画特殊角度的直线

1.1.5 比例尺

比例尺（图1-8）是绘图时用于放大或缩小实际尺寸的一种尺子，其形式有多种，常用的呈三棱柱状，称三棱尺。三棱尺的尺身上刻有6种不同的比例，可根据需要选定，使用非常方便。

比例尺上刻度一般以米为单位。当我们使用比例尺上某一刻度时，可以不用计算，直接按照尺面所刻的数值，用分规截取长度。如1m的构件长度，按1：100绘图，图上长度为1cm，比例尺的使用方法图1-9所示。

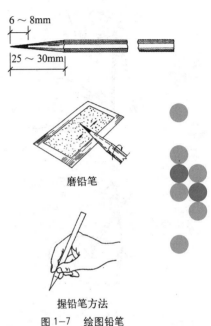

图1-7 绘图铅笔

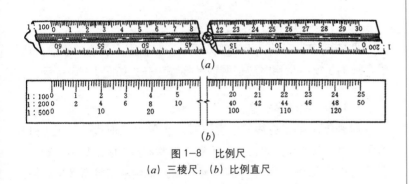

图1-8 比例尺
(a) 三棱尺；(b) 比例直尺

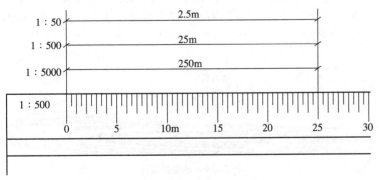

图1-9 比例尺的使用

1.1.6 圆规

圆规是画圆和圆弧的专用仪器，如图1-10所示。为了扩大圆规的功能，圆规一般配有三种插脚：铅笔插脚（画铅笔圆用）、直线笔插脚（画墨线圆用）、钢针插脚（代替分规用）。画大图时可在圆规上接一个延伸杆，以扩大圆的半径，如图1-11所示。圆规的用法如图1-12所示。

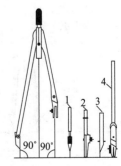

图1-10 圆规
1—铅笔插脚；2—墨线笔插脚；
3—钢针插脚；4—延伸杆

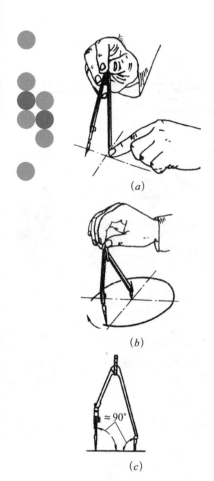

图 1-12 圆规的用法
(a) 左手辅助定位；
(b) 顺时针画线；
(c) 两脚与纸面垂直

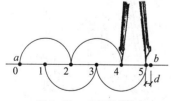

图 1-13 分规的用法

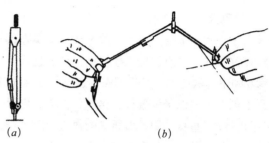

图 1-11 画小圆和大圆的方法
(a) 画小圆时可将针尖和插腿稍向里倾斜；
(b) 安装上延伸杆画大圆

1.1.7 分规

两条脚均为钢针。用来等分线段、截取固定长度的线段、测量直线的长度。使用时应使两钢针接触对齐，如图 1-13 所示。

1.1.8 绘图墨水笔

原来画图都用墨线笔，现已被绘图墨水笔取代，如图 1-14 所示。由于它的笔尖是由无缝不锈钢针管制成，所以又名针管笔，能吸存碳素墨水，描图时不用频频加墨。笔尖的口径有多种规格，根据所画线条粗细可选用不同规格的针管笔。画图时笔头可略倾斜 $10°\sim15°$，但不能重压笔尖。用后要及时清洗干净，以防墨水堵塞针管。

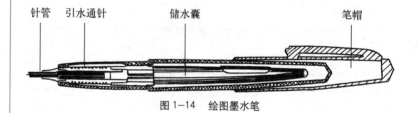

图 1-14 绘图墨水笔

1.1.9 图纸

图纸有绘图纸和描图纸两种。

绘图纸主要用于画铅笔图，有时也在该纸上上墨。描图纸主要用于复制图样，有时也用其画铅笔图。

1.1.10 CAD 在工程图的应用

CAD 是 Computer Aided Design（计算机辅助设计）的缩写。

计算机辅助设计就是在设计工作中利用计算机绘图代替传统的手工绘图。使用计算机绘图可极大地改善作图环境，提高设计者的作图速度和精度，保证图纸质量，避免重复性劳动，而且便于修改、保存和检索，使工程图纸的设计水平提高到了一个新的台阶。因此，计算机绘图在建筑、机械、电子、航天等诸多工程设计领域得到了广泛的应用。计算机绘图也成为工程技术人员必须掌握的技术，同时也是工程技术类专业学生的必修课程。

1.2 制图标准简介

图样是表达和交流技术思想的工具，是工程界的技术语言，是用来指导生产和进行技术交流的共同语言。为了有效地使用工程技术语言，任何人都应该遵守共同标准。在我国，由国家职能部门规定、颁布的制图标准，是国家标准，简称"国标"（GB），如《道路工程制图标准》GB 50162-1992。国家制图标准对施工图中常用的图纸幅面、字体、图线、比例、尺寸标注、专用符号、代号、图例、图样画法（包括投影法、规定画法、简化画法）等内容作了具体规定，我们应该在学习的过程中掌握制图标准，为今后的工作打下基础。

1.3 图幅

为了便于图纸的装订、保管及合理利用，图幅大小均应按国家标准规定（表1-1）执行。表中代号的含义如图1-15所示，其中图1-15（a）为横放格式，图1-15（b）为竖放格式。在选用图幅时，应以一种规格为主，尽量避免大小掺杂使用。

根据需要，图纸幅面的长边可以加长，但短边不得加宽，长边加长的尺寸应符合有关规定。长边加长时图幅A0、A1、A4应为150mm的整倍数，图幅A2、A3应为210mm的整倍数。在实际的道路工程图中经常用到加长图纸。

在每张正式的工程图纸上都应有工程名称、图名、图纸编号、日期、设计单位、设计人、绘图人、校核人、审定人的签字等栏目，把它们其中列成表格形式就是图纸的标题栏，简称图标。

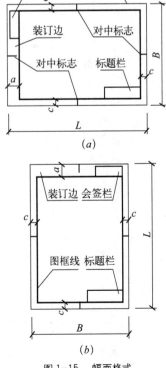

图1-15 幅面格式
(a) A0～A3 横式；(b) A0～A3 立式

图幅及图框尺寸（mm） 表1-1

图幅代号 尺寸代号	A0	A1	A2	A3	A4
$B \times L$	841×1189	594×841	420×594	297×420	210×297
c	10			5	
a	25				

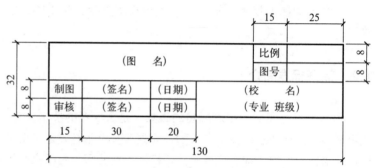

图1-16 学生作业用的标题栏

学生在学习期间，可采用作业用的标题栏，如图1-16所示。会签栏和角标可不设。

1.4 图线

1.4.1 图线

工程图是由不同线型、不同粗细的线条所组成，这些图线可表达图样的不同内容，以及分清图中的主次，国家制图标准对线型及线宽作了规定（表1-2）。

图线宽度应根据图样的类型、复杂程度及比例大小，在下列规定的线宽系列中选用，即0.18mm、0.25mm、0.35mm、0.5mm、0.7mm、1mm、1.4mm、2mm。其中粗线、中粗线和细线的宽度比率为4∶2∶1。在同一图样中，同类图线的宽度应一致。

1.4.2 图线的画法

不论铅笔线还是墨线都要做到：清晰整齐、均匀一致、粗细分明、交接正确。虚线、点画线、双点画线与同类线型或其他线型相交时，均应相交于"画线"处。各种线型的交接及注意事项见表1-3。

图线的线型、线宽、用途及其画法   表1-2

名　称		线　型	线　宽	一般用途
实线	粗	————————	b	主要可见轮廓线
	中	————————	$0.5b$	可见轮廓线
	细	————————	$0.35b$	可见轮廓线、图例线等
虚线	粗	≈1 ╫ 2～6	b	见有关专业制图标准
	中	– – – – – –	$0.5b$	不可见轮廓线
	细	- - - - - - - -	$0.35b$	不可见轮廓线、图例线等
点画线	粗	≈3 ╫ 10～30 ╫	b	见有关专业制图标准
	中	—·—·—·—	$0.5b$	见有关专业制图标准
	细	—·—·—·—	$0.35b$	中心线、对称线等
双点画线	粗	≈5 ╫ 15～20 ╫	b	见有关专业制图标准
	中	—··—··—	$0.5b$	见有关专业制图标准
	细	—··—··—	$0.35b$	假想轮廓线、成型前原始轮廓线
折断线		——/\——	$0.35b$	断开界线
波浪线		～～～～	$0.35b$	断开界线

各种线型的交接及注意事项   表1-3

序　号	内　容	正　确	错　误
1	虚线与虚线或与其他图线相交		
2	两粗实线或两虚线相交		
3	两单点长画线相交		
4	虚线在实线的延长线上		

1.5 字体

组成工程图样的重要部分，一是线型；二是文字、数字及符号等。国家制图标准规定，书写字体必须做到：字体工整、笔画清楚、间隔均匀、排列整齐。常用的字体高度有（mm）1.8、2.5、3.5、5、7、10、14、20。字体高度代表字体的号数。

图样上的汉字应写成长仿宋字体，并采用国务院正式公布推行的《汉字简化方案》中规定的简化字。汉字的高度不应小于3.5mm，字高和字宽之比一般为3∶2。

长仿宋体字的特点是笔画挺坚、粗细均匀、起落带锋、整齐秀丽。长仿宋体字的字例如图1—17所示。

长仿宋体字和其他汉字一样，都是由八种基本笔画组成，如图1—18所示。

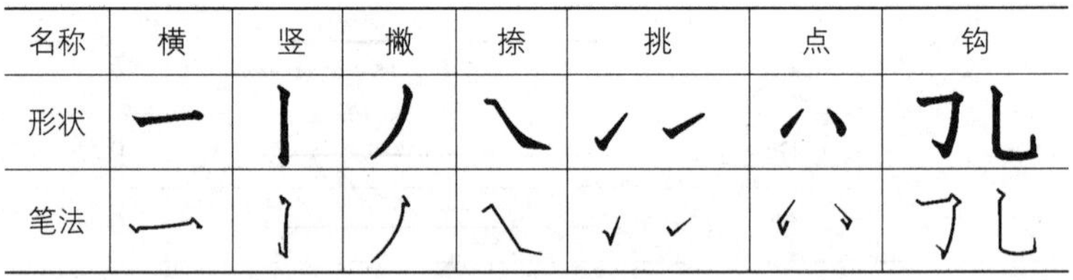

字体工整笔画清楚
(a)
横平竖直注意起落
(b)

图1—17　长仿宋体字字例
(a) 10号字；(b) 7号字

名称	横	竖	撇	捺	挑	点	钩
形状	一	丨	ノ	\	✓ ✓	八	刁乚
笔法	一	丨	ノ	\	✓ ✓	八	刁乚

图1—18　八种基本笔画

字母、数字可以写成斜体或直体，如图1—19所示。斜体字字头向右倾斜，与水平基准线成75°。与汉字写在一起时，宜写成直体。书写的数字和字母不应小于2.5号。

ABCDEFJHIJKLMN　OPQRSTUVWXYZ
(a)
abcdefjhijklmn　opqrstuvwxyz
(b)
0123456789　0123456789
(c)
Ⅰ Ⅱ Ⅲ Ⅳ Ⅴ　Ⅵ Ⅶ Ⅷ Ⅸ Ⅹ
(d)

图1—19　拉丁字母、数字字例
(a) 大写拉丁字母（斜体、直体）；(b) 小写拉丁字母（斜体、直体）；
(c) 阿拉伯数字（斜体、直体）；(d) 罗马数字（斜体、直体）

1.6 比例

道路桥梁的尺寸较大，不能按照实际的尺寸来画图样，需要用一定的比例来缩小尺寸。比例为图中图形与其实物相应要素的线性尺寸之比。比例大小即为比值大小，比值为1的比例，即1∶1，称为原值比例；比值大于1的比例，如2∶1等，称为放大比例；比值小于1的比例，如1∶2等，称为缩小比例。绘图比例的选择，应根据图面布置合理、均匀、美观的原则，按图形大小及图面复杂程度确定，一般优先选用表1-4中的常用比例。

比例一般应标注在标题栏中的比例栏内。必要时，可在视图名称的下方或右侧标注比例，比例字体比图名字体小一号或二号，如图1-20所示。必要时，允许在同一视图中的铅垂和水平方向标注不同的比例（如：在道路纵断面图、桥位地质断面图中铅垂和水平方向比例不同），还可用比例尺的形式标注比例。一般可在图样中的铅垂或水平方向加画比例尺。

当采用一定比例画图时，图样上标注的尺寸数字是结构物的实际尺寸，而与所采用的比例无关。

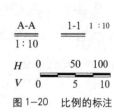

图1-20 比例的标注

1.7 尺寸标注

图样中，形体的结构形状用图表示，其大小则通过标注尺寸表达。国家制图标准中对尺寸标注作了一系列规定，应严格遵守。

1.7.1 基本规定

（1）图样上尺寸数字之后不必注写单位，但在注解及技术要求中要注明尺寸单位。

（2）图样上所注的尺寸数字是形体的真实大小，与绘图比例及准确度无关，不得从图中直接量取尺寸的大小。

	比　　例					表1-4
常用比例	1∶5	1∶10	1∶100	1∶$(2×10^2)$	1∶$(5×10^2)$	1∶$(1×10^3)$
可用比例	1∶1.5 1∶$(1.5×10^2)$	1∶2.5 1∶$(2.5×10^2)$	1∶3 1∶$(3×10^2)$	1∶4 1∶$(4×10^2)$	1∶6 1∶$(6×10^2)$	

(3) 每一道尺寸在图样上一般只标注一次。

1.7.2 尺寸的组成

图样上一个完整的尺寸应由尺寸界线、尺寸线、尺寸起止符号和尺寸数字四部分组成，称为尺寸的四要素，如图1-21所示。

(1) 尺寸界线

尺寸界线：是明确所注尺寸范围的。用细实线画，一般应从被标注线段垂直引出，必要时允许倾斜，超出尺寸起止符号约2～3mm。尺寸界线有时可用轮廓线、轴线或对称中心线代替。

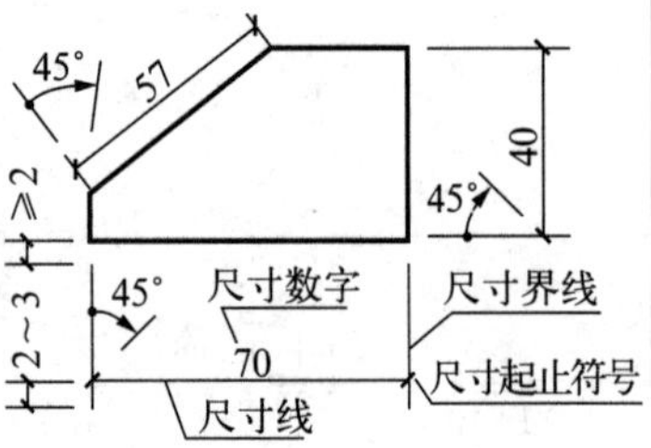

(2) 尺寸线

尺寸线：用于表明尺寸方向，尺寸线用细实线绘制，应与被标注的线段平行并与尺寸界线相交。相交尺寸线不能超过尺寸界线。尺寸线必须单独画出，不能与图线重合或在其延长线上。相同方向的各尺寸的间距要均匀，间隔应大于5mm，以便注写尺寸数字和有关符号。

(3) 尺寸起止符号

尺寸起止符号（两种形式：箭头和中粗斜短线）：箭头适用于各种类型的图形，其尖端必须与尺寸界线接触，但也不能超出，箭头的画法如图1-22所示。斜短线的倾斜方向应与尺寸界线成顺时针45°角，长度为2～3mm的中粗斜短线。

土木工程设计图通常采用斜短线形式的标注。当尺寸起止符号采用斜短线形式时，尺寸线与尺寸界线必须相互垂直，并且同一图样中除标注直径、半径、角度宜用箭头外，其余只能采用一种尺寸起止符号形式。

(4) 尺寸数字

尺寸数字：用于表示形体的实际尺寸，一般注写在尺寸线上方或尺寸线中断处。同一图样内字号大小应一致，位置不够时可引出标注。尺寸数字前的符号区分不同类型的尺寸。如"ϕ"表示直径，"R"表示半径，□表示正方形等。

1.7.3 圆、圆弧、球、角度、弧长、弦长的尺寸标注

大于半圆的圆弧或圆应标注直径，如图1-23 (a)、(c) 所示。

对于半圆或小于半圆的圆弧则应标注其半径，如图1-23 (d)、(e) 所示。

图1-21 尺寸的组成

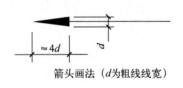

箭头画法（d为粗线线宽）

图1-22 箭头的画法

球的尺寸标注与圆的尺寸标注基本相同，只需在半径或直径代号前加写"S"，如图1-23（b）所示。

角度的尺寸线用圆弧表示，尺寸界线为角的两边线，起止符号为箭头。当角度小，无法画下箭头时，可用小圆点代替。角度数字应水平书写，如图1-23（f）所示。

弧长的尺寸线为与该圆弧同心的圆弧，尺寸界线应与该圆弧的弦垂直，起止符号为箭头，并且在弧长数字的上方加注"⌒"符号，如图1-23（g）所示。

弦长的尺寸线应与弦长平行，尺寸界线与弦长垂直，起止符号为中粗线的45°短画，如图1-23（h）所示。

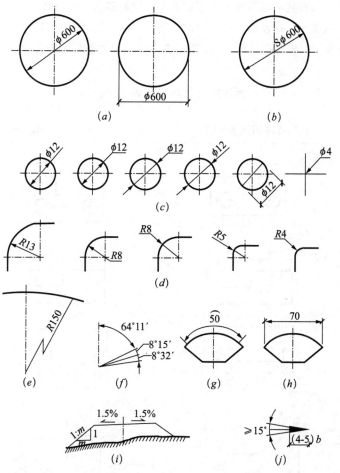

图1-23　圆、圆弧、球、角度、弧长、弦长的尺寸标注
（a）大圆注法；（b）球的注法；（c）小圆注法；（d）1/4圆弧注法；（e）大圆弧注法；（f）角度注法；（g）弧长注法；（h）弦长注法；（i）坡度注法；（j）箭头画法

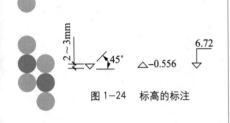

图 1-24　标高的标注

图 1-25　水位的标注

1.7.4　坡度的标注

在生活中我们会看到道路桥梁的某部位会有坡度，这需要在图纸上标出。当坡度值较小时，坡度的标注宜用百分率表示，并应标注坡度符号，坡度符号是由细实线、单边箭头以及在线上标注的百分数组成。坡度符号的箭头指向下坡。当坡度值较大时，坡度的标注宜用比例的形式表示，如图 1-23（i）所示。

1.7.5　标高的标注

标高符号用细实线绘制的等腰直角三角形，高为 2~3mm，底角为 45°。顶角应指在需要标注的被注点上，顶角向上、向下均可。标高数字标注在三角形的右侧，负标高数字前标以"−"号，正标高（包括零标高）数字前可不标"+"号。当图形复杂时，也可采用引出线形式标注，如图 1-24 所示。水位标注如图 1-25 所示。

1.7.6　尺寸标注的注意事项（表 1-5）

尺寸标注的注意事项　　　　　　　　　　表 1-5

说　明	正　确	错　误
轮廓线、中心线可以用作尺寸界线，但不能作尺寸线		
不能用尺寸界线作为尺寸线		
应将大尺寸标注在外边，小尺寸标注在里边		
水平方向的尺寸数字应从左到右书写在尺寸线的中间上方，垂直方向的尺寸数字应从下到上书写在尺寸线的中间左方。同一张图纸内的所有尺寸数字应大小一致		

说 明	正 确	错 误
尺寸数字的方向,应按(a)图的规定注写,若尺寸数字在30°斜线区内,宜按(b)图的形式注写	(a)	(b)
尺寸界线之间较窄时,最外边的尺寸数字可注写在尺寸界线外侧,中间相邻的尺寸数字可上下错开或用引出线引出后再标注		

 图线、字体、比例及尺寸标注

本项活动的目的是:通过学生动手实践,学会使用常用的绘图工具和用品,掌握工具的操作技能和方法,熟悉有关制图标准,明确国家标准在工程制图的应用及重要性,从而养成实事求是、严谨细致的工作态度和一丝不苟的工作作风。

这些活动,可以激发学生对该课程的学习兴趣,学生对该课程所要学习的内容有所了解,为后续课程的学习打下基础。

1. 用尺规绘制图1—26所示的线条(比例:1∶2)。
2. 字体和符号(见教材字体示例和长仿宋体的基本笔法示例)练习,如图1—27所示。
3. 检查图1—28中尺寸标注的错误,抄绘重新标注正确尺寸。

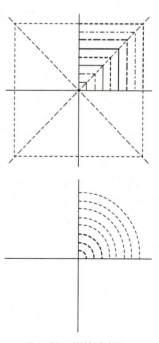

图1—26 训练活动图1

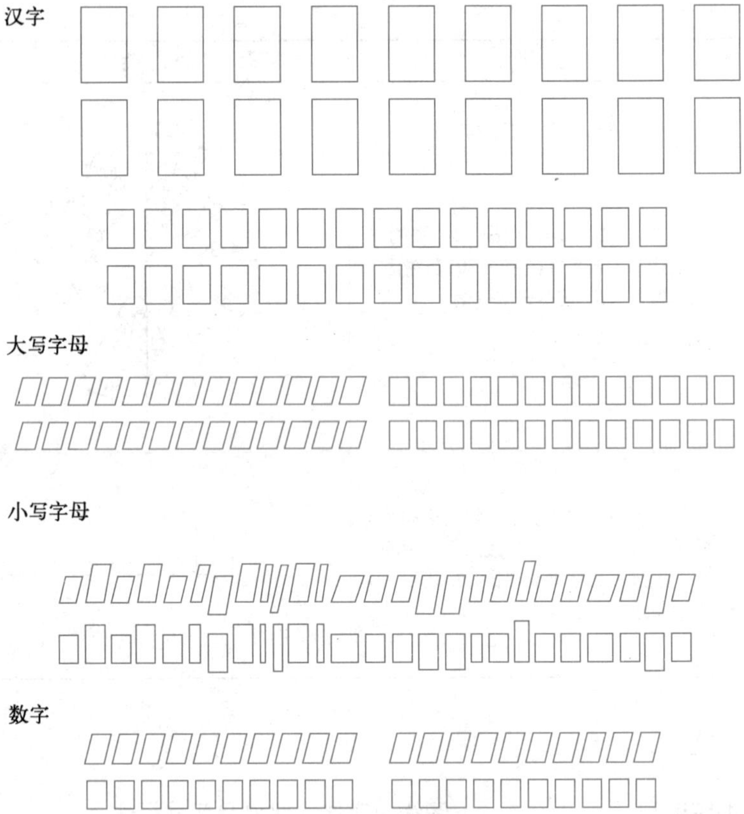

汉字

大写字母

小写字母

数字

图 1-27　训练活动图 2

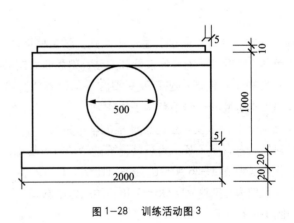

图 1-28　训练活动图 3

单元 2　几何作图

学习重点

1. 了解几何作图的概念；
2. 掌握直线的平行线以及垂直线、等分线段的作法；
3. 掌握正等边多边形的作图方法；
4. 掌握常见的几种徒手作图的方法。

几何作图是指用作图工具（三角板、圆规等工具）作出特定图形的作图方法。图样中的图形，都是由图线、圆弧、圆等构成的各种几何图形的组合。为了能够迅速、准确地绘出较为复杂的平面图形，除了要正确使用绘图工具外，还要熟练地掌握各种图形的作图方法。本单元介绍几种常用的几何作图方法。

2.1　直线的平行线和垂直线

直线是工程上最常用的几何要素，工程形体的轮廓线中直线是必不可少的组成要素，而我们所学的道路桥梁等几何结构物更是以直线为基本的组成单位，在直线中，直线的平行线和垂直线又是直线中用的最多的直线相互位置关系，下面我们来看看这种最常见的直线是如何用几何作图的方法绘出的。

2.1.1　直线的平行线

已知点 P 和直线 AB，如图 2-1（a）所示，要求过 P 点作直线 AB 的平行线。

作图：

（1）准备好一个 30° 三角板与一个 45° 三角板；

（2）如图 2-1（b）所示，用 45° 三角板的一条直角边与已知直线 AB 重合，再用一个 30° 三角板的一条边与 45° 三角板的另外一条直角边重合，如图 2-1（b）所示；

（3）沿着 30° 三角板重合的这条边，推动 45° 三角板下移，使原来对齐直线 AB 的直角边正好通过点 P，画一条直线，即为所求的平行线。

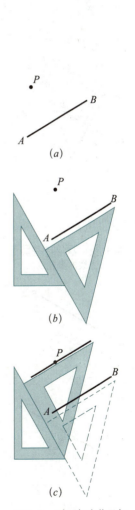

图 2-1　过已知点作已知直线的平行线

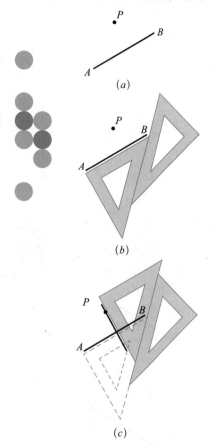

图 2-2 过已知点作已知直线的垂直线

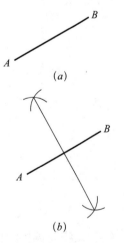

图 2-3 作已知直线的垂直平分线

2.1.2 直线的垂直线

已知点 P 和直线 AB，如图 2-2（a）所示，要求过 P 点作直线 AB 的垂直线。

作图：

（1）准备好一个 30°三角板与一个 45°三角板；

（2）用 45°三角板的一条直角边与已知直线 AB 重合，再用它的斜边紧靠一个 30°三角板的斜边，如图 2-2（b）所示；

（3）沿着 30°三角板重合的这条斜边，推动 45°三角板下移，使原来垂直直线 AB 的直角边正好通过点 P，画一条直线，即为所求的垂直线，如图 2-2（c）所示。

2.2 等分线段

等分线段是几何作图中常用的作图技巧，下面我们介绍几种常用的等分线段的作图方法。

2.2.1 作已知直线的垂直平分线

已知直线 AB，如图 2-3（a）所示，要求作直线 AB 的垂直平分线。

作图：

（1）准备好一个圆规与一把直尺；

（2）如图 2-3（b）所示，以 A、B 点为圆心分别在直线的两边画弧；

（3）连接两边弧的交点，交点连线即为我们所求的垂直平分线。

2.2.2 已知线段的任意等分

已知线段 AB 如图 2-4（a）所示，求作它的五等分点。

作图：

（1）准备好一把有刻度的直尺（或三角板）；

（2）如图 2-4（b）所示，以直线端点 A 为起始点画一条射线 AC，在 AC 上用直尺从点 A 起截取任意长度的五等分，得 1、2、3、4、5 点；

（3）连接 $B5$，并过各等分点作 $B5$ 的平行线，交 AB 于 5 个点，这五个点即为所求的 5 等分点，如图 2-4（c）所示。

2.2.3 等分两平行线之间的距离

已知两平行线 AB 和 CD, 如图 2-5（a）所示,分其间距为五等分。

作图：

(1) 准备好一把有刻度的直尺（或三角板）；

(2) 如图 2-5（b）所示，将直尺上 0 刻度点固定在直线 CD 上任一位置，并以 0 点为圆心，摆动尺盘，使刻度 5 落在 AB 上，并在 1、2、3、4、5 刻度处作上标记；

(3) 过各等分点做 AB（或 CD）的平行线，即为所求，如图 2-5（c）所示。

2.3 正多边形画法

正多边形也是我们在工程中经常遇到的几何图样，特别比如说见的较多的正三边形和正四边形，下面就介绍如何作出这些正多边形。

2.3.1 作圆内接正三边形

已知圆心 O 和直径 AB、CD，如图 2-6（a）所示，求作圆内接正三边形。

作图：

(1) 准备好一个圆规与一把直尺；

(2) 如图 2-6（b）所示，以 D 点为圆心，OD 为半径画弧交圆周于 E、F 点，则 C、E、F 点将圆周三等分；

(3) 连接 C、E、F 三点线，即得圆内接正三边形。

2.3.2 作圆内接正五边形

已知圆心 O 和直径 AC、BD，求做圆内接正五边形。

作图：

(1) 准备好一个圆规与一把直尺；

(2) 如图 2-7（a）所示，以 A 点为圆心，OA 为半径画弧交圆周于 M、N 两点，连接 MN，与 OA 交于点 E；

(3) 如图 2-7（b）所示，以 EB 为半径，点 E 为圆心画弧，在 OC 上得交点 F；

(4) 如图 2-7（c）所示，以 B 为起点，BF 弦长将圆周五等

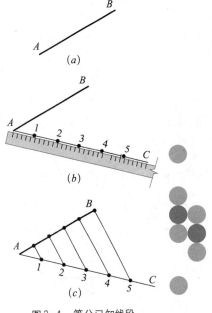

图 2-4 等分已知线段

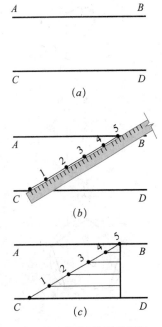

图 2-5 等分平行线段间距

分得点1、2、3、4，依次连接各点得圆内接正五边形。

2.3.3 作圆内接正六边形

已知圆心 O 和直径 AB、CD，如图 2-8（a）所示，求做圆内接正六边形。

作图：

（1）准备好一个圆规与一把直尺；

（2）如图 2-8（b）所示，以 C、D 点为圆心，$OC=OD$ 为半径分别画弧交圆周于 E、F、G、H 各点，则 C、E、G、D、H、F 点将圆周六等分；

（3）如图 2-8（c）所示，连接 C、E、G、D、H、F 各点，即得圆内接正六边形。

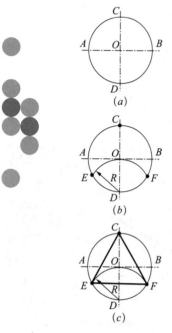

图 2-6　作圆内接正三边形

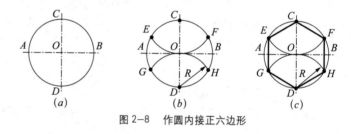

图 2-8　作圆内接正六边形

2.4 徒手作图

徒手作图是指不用仪器画出各种图形，作出的图形不要求像尺规作图那样形状尺寸上与物体完全一致，只求能够比较完整正确地表达物体的基本形体特征，以便能够迅速表达构思，绘制草图，参观记录以及进行技术交流等。所以，工程技术人员除了应当具备几何作图的能力外，还必须具备一定的徒手作图的技能。

下面介绍几种常用的徒手作图的方法。

2.4.1 画直线

1. 画直线

在画直线的时候，手握笔的位置稍微高一些，握笔不能太紧，以使笔杆在手中有较大的活动范围，如图 2-9 所示。

画水平线时要把笔放平些（图 2-9（a）），画竖直线时则笔

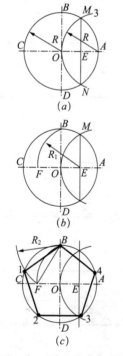

图 2-7　作圆内接正五边形

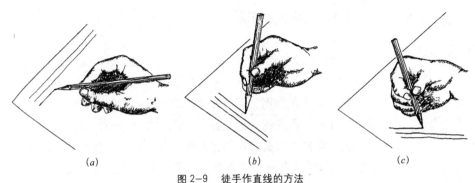

图 2-9 徒手作直线的方法

要立直些（图 2-9（b）），如果是画斜线，则应从上左端开始（图 2-9（c）），当然也可将纸转动，按水平线画出。

2. 画角度线

画 30°、45°、60° 等常见的角度线，可按直角边的近似比例定出两个端点，然后连点成直线，画法如图 2-10 所示。

2.4.2 目测尺寸

目测尺寸也是工程人员徒手作图时候的一种技能，它的基本要领是首先估计长度的整数位，即如果是百位数，则先估计百位数的长度，定出百位数的值，再估计十位数的长度定出十位数，最后估计个位数定出个位数的长度。

【例 2-1】 拟在直线上定出长度为 67 的线段 AB。

作图：

由 A 点向右估出 10，以此份为标准，向右逐次点出 20、30、…、70，将最后一份（60~70）分为两等分的（65）点，在 65~70 段的约 2/5 处点出点 B 即为所求，如图 2-11 所示。

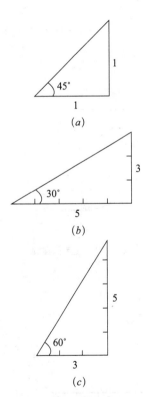

图 2-10 画角度线的方法

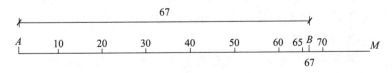

图 2-11 目测尺寸的方法

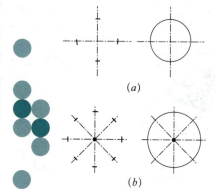

图 2-12　徒手画圆

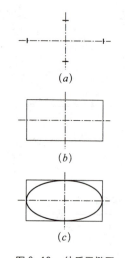

图 2-13　徒手画椭圆

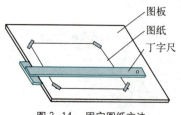

图 2-14　固定图纸方法

2.4.3　画图和椭圆

1. 画圆

如图 2-12（a）所示，画小圆时，一般只画出垂直相交的中心线，并在其上按其半径定出四个点，然后勾画出成圆。

画比较大的圆时，可在小圆的基础上加画两条 45°斜线，并按半径在其上再定四个点，连成一圆，如图 2-12（b）所示。更大的圆，可先画出圆的外切正方形，并将任一对角线的一半等分三份，在 2/3 处多一点的地方定出圆周的一点，再相应画出对角线上的其他三点。将八点连接成圆。

2. 画椭圆

椭圆的徒手作图法有几种，与画圆的相类似，也是先定出对角线上面的点，然后再来画。如图 2-13 所示，先定出椭圆中心，画出长、短轴；过长短轴上 4 个端点画出矩形；然后徒手作椭圆与矩形相切，并注意图形的对称性。

训练活动　　　几何作图

一、活动目的

本项活动的目的是：通过学生动手绘图，使学生掌握绘图的工具以及一般步骤，进而熟悉几何作图的步骤。通过这些活动，可以巩固和提升学生的作图能力，为专业绘图打好基础。

二、步骤及方法

1. 固定图纸

将平整的图纸放在图板的偏左、偏下的部位，将丁字尺压住图纸往上推，稍微调整图纸，使纸的上边沿大致与尺身工作边平行，然后用透明胶带将图纸四周固定在图板上。在这个过程中，图纸要平整，胶带纸要贴牢，如图 2-14 所示。

2. 绘制底稿

给出一幅比较正式的工程图纸，让学生们临摹，绘制的时候，要先作底稿。作底稿先要用较硬的铅笔绘制，绘制的线条细而淡，并且能够分清线型。在绘制的时候，分为两个步骤：（1）首先先绘制图框和标题栏，按照图幅的大小以及相应的标题栏大小绘制，并且根据选用的比例合适地安排个图样在图框内的合适位置；(2) 然后才开始画图样，绘制图样时应先画主轴线或者中心线，再画主要轮廓和细部结构。

3. 铅笔加深底稿

检查底稿无误后，才进行图样的加深，一般是用铅笔加深（少数用墨线描黑），加深的顺序一般为由上而下，由左至右依次画出同一线宽的各线型图线，除了图形本身的图线外，还要包括尺寸线、剖面线等各种符号的加深。

4. 写字及画各种符号

徒手画出各种材料符号，标注尺寸数字、图样名称、比例以及相关的文字说明，填写标题栏，并且对整个图纸进行检查，清理画面，一幅图就画好了。

单元 3　投影的基本知识

> **学习重点**
>
> 1. 理解投影的概念，了解投影的分类及应用；
> 2. 理解三面投影的形成原理，绘制简单形体的三面投影图；
> 3. 理解点的三面投影规律，识读、绘制点的投影；
> 4. 理解空间直线的投影特性和判别方法，绘制特殊位置直线的投影图；
> 5. 理解空间平面的投影特性和判别方法，绘制特殊位置平面的投影图。

人们通过观察生活中的光与影子的自然现象，从中受到启发，进一步归纳、总结出了投影的原理，提出了中心投影和平行投影的概念。中心投影可以形成影像逼真的透视图；平行投影中的三面投影（三视图）可以简便、准确地反映形体的形状和大小，这一方法很好地解决了绘制工程图的关键问题。

学习本单元，对培养同学们的想象力和抽象思维至关重要。

3.1　投影的概念和分类

3.1.1　投影的概念

人们都知道，形体在灯光或阳光照射下，在地面或墙面上就会形成影子，这是自然的投影现象，如图 3-1 所示，影子反映了形体的外围形状，但里面却是一片黑影。图 3-2（a）和（b）分别是灯光和平行光成影，可以看出灯光（点光源）形成的影子比实际形体要大，点光源有放大形体影子的作用；太阳光（平行光）形成的影子，影子与实际形体一样大小。再看图 3-2（c）所示情况就完全不同了，它是把形体的各个面看成是透明的，形体的各个棱（线）是不透明的，平行光线（投影线）穿透形体后在投影面上形成的影子，即称为平行投影。在这里，平行光线称为投影线，在投影面上得到的图形称为投影图。

投影线、形体、投影面是形成投影图的三个要素。

图 3-1　影子的形成

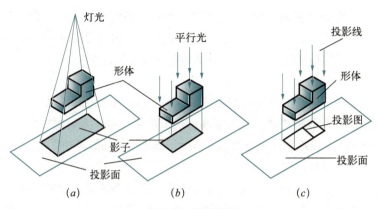

图 3-2 投影原理
(a) 灯光成影；(b) 平行光成影；(c) 平行投影

3.1.2 投影的分类

按投影线是否平行分为中心投影和平行投影。

1. 中心投影

所有投影线都由一点发出的投影叫中心投影，如图 3-2 (a) 所示。中心投影方法是绘制透视图的基础。

2. 平行投影

所有投影线都相互平行的投影叫平行投影，如图 3-2 (c) 所示。按投影线是否垂直于投影面，又分为斜投影和正投影，如图 3-3 (a)、(b) 所示。

3.1.3 工程中常用的图示方法

1. 透视图

如图 3-4 所示，是依据中心投影的原理绘制的透视图。透视图反映的形体近大远小，极远处汇聚为一点。这种透视图符合人们的视觉印象，空间立体感强，形象逼真，图像表达的景物与照片的效果相似，因而透视图直观易懂。缺点是不能反映形体的真实大小和形状，不便于度量和尺寸标注，绘制繁琐。

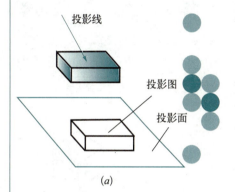

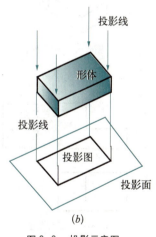

图 3-3 投影示意图
(a) 斜投影；(b) 正投影

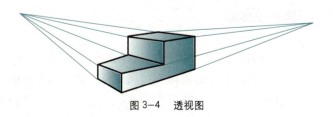

图 3-4 透视图

图 3-5 工程实景照片

图 3-5 的照片相当于透视图,透视图在科学、艺术、工程技术中都有广泛的应用,如公路线形设计中,用透视图来分析车辆行驶时的视觉效果,从而优化路线的平纵横设计。

2. 轴测图

图 3-6 为应用平行投影绘制的轴测图。图形立体感强,直观形象,但不如透视图自然逼真,在工程中一般作为辅助性样图。轴测图手工绘制较为方便,可作为识读正投影图的辅助手段。

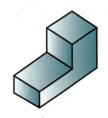

图 3-6 轴测图

3. 正投影图

图 3-7 是应用正投影在多个相互垂直的投影面上分别投影绘制的正投影图。常用的是三面正投影图,它是将三个相互垂直的投影面上的投影图,按照一定规则绘制在同一平面上。因此,三面正投影图没有立体感,构想出对应的形体抽象、困难。但是,三面正投影图的绘制简单快捷,表达形体的形状和尺寸真实准确,可以照图施工,所以工程中应用广泛。

4. 标高投影图

图 3-8 是应用正投影来绘制的一种标高数字的单面投影图,也可称为地形图。地面与某一水平面相交形成的闭合曲线称为等高线,等高线表示地面的高低起伏变化。地形图在地形测量和土建工程中应用广泛。

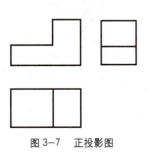

图 3-7 正投影图

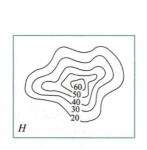
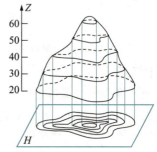

图 3-8 标高投影图

3.2 三面正投影图

当形体和投影面的相对位置确定后,其投影就被唯一地确定,但仅有形体某一面的投影却不能反过来确定形体实际的大小和形状。因为形体都有长、宽、高三个方向的尺度,只用一个正投影图（即单面投影图）是表示不出形体的整体形状和大小的。如图3-9所示，三个不同的形体，所得的一面正投影图都相同，如果只给你一面正投影图，那么你就不知道对应的形体是哪个。因此，工程上的构筑物都要采用多个投影图来表示，最常用的是三面正投影图，如图3-7所示。

3.2.1 三面正投影体系

把形体放在三个相互垂直的投影面中进行投影，即构成了三面正投影体系。就如同你置身于教室的一角，地面和墙面就构成了三面正投影体系。其中：水平位置的称为水平投影面（水平面或 H 面）、正面位置的称为正立投影面（正面或 V 面）、左侧位置的称为侧立投影面（侧面或 W 面）。

三个投影面的交线称为投影轴，分别表示为 OX、OY、OZ 轴，如图3-10所示。

3.2.2 三面正投影图（又叫三视图）

将形体放在三面正投影体系中，将形体分别向三个投影面投影，即可得到三个投影图，如图3-11所示。再把三个互相垂直的投影面展开后形成一个平面，规定 V 面不动，将 H 面绕 X 轴向下旋转 90°，再将 W 面绕 Z 轴向后旋转 90°，最后 H 面、W 面与 V 面保持在同一个平面上，如图3-12所示。展开时，X、Z 轴保持不变，Y 轴被分开，分别用 Y_H（在 H 面上）和 Y_W（在 W 面上）表示。图3-12（b）所示的就是最常见的三视图。在实际工程的图纸中，投影面的边界和投影轴都不需要画出来。

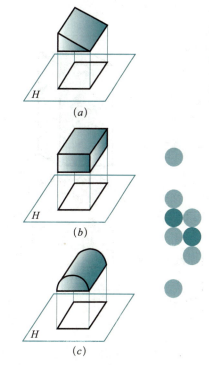

图3-9 单面正投影示意图

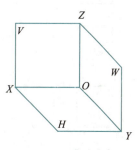

图3-10 三面正投影体系

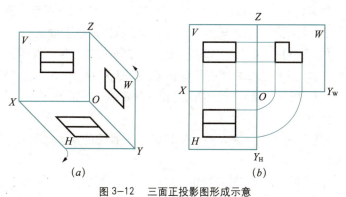

图3-12 三面正投影图形成示意
(a) 展开过程；(b) 展开后的三视图

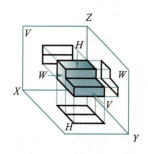

图3-11 形体的三面正投影

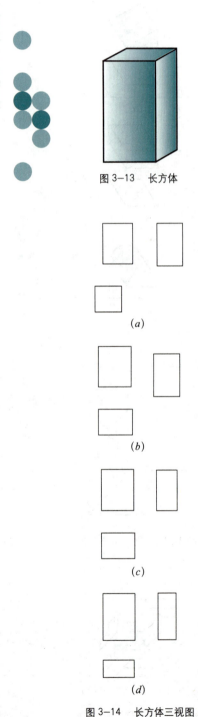

图 3-13　长方体

图 3-14　长方体三视图

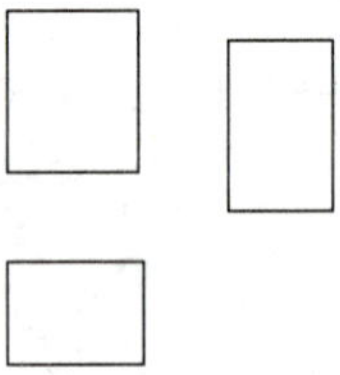

三视图命名：

主视图——形体在正立投影面（V 面）上的正投影，又叫立面图；

俯视图——形体在水平投影面（H 面）上的正投影，又叫平面图；

左视图——形体在侧立投影面（W 面）上的正投影，又叫侧面图。

3.2.3　三面正投影规则

1. 度量规则

在三面投影图中，形体的长、宽、高三个方向的尺寸，我们规定如下：

平行 OX 轴的尺寸为长度；

平行 OY 轴的尺寸为宽度；

平行 OZ 轴的尺寸为高度。

每个投影图同时反映两个方向的尺寸，如图 3-12 所示。

形体在向三个投影面投影时，它的长、宽、高尺寸是一定的，因此，立面图与平面图的长相等、立面图与侧面图的高相等、平面图与侧面图的宽相等。

综上所述，三视图应满足的投影规则是：

立面图与平面图等长且左右对正；

立面图与侧面图等高且上下平齐；

平面图与侧面图等宽且前后对应相等。

可以归纳为："长左右对正，高上下平齐、宽前后对应且相等"，并简化为 "长对正、高平齐、宽相等"，这也叫 "三对等关系"，它是绘制三视图的基本规则，也是识读三视图的根本依据。

【例 3-1】　如图 3-13 所示的是一个长方体，某些同学根据该长方体，绘制的三视图有四种答案，如图 3-14 中的（a）、（b）、（c）、（d）所示。请判断它们的对错，并简单分析原因。

分析：

根据 "长对正、高平齐、宽相等" 三视图的基本规则，可以判定如下：

（a）错。原因：长不对正。

（b）错。原因：高不平齐。

（c）错。原因：宽不相等。

（d）正确。

2. 方位对应规则

形体在空间的相对位置可以用上下、左右、前后的方位来表达。方位的表达与我们生活习惯相同，就是我们面对形体时，按照自然习惯确定的上下、左右、前后的方位关系。如在 V 面上靠近我们的一面是"前"，远离我们的一面是"后"。其余方位关系如图 3-15 所示。

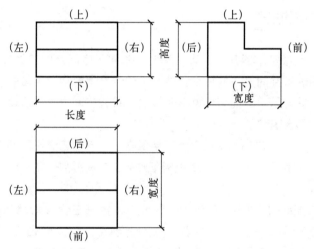

图 3-15　三视图的方位规则

【例 3-2】　图 3-9 所示的形体分别是三棱体、长方体、半圆柱体，请按照三面正投影的规则，绘制这三个形体的三视图。

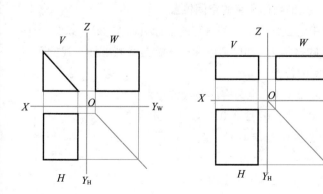

图 3-16　形体的三视图

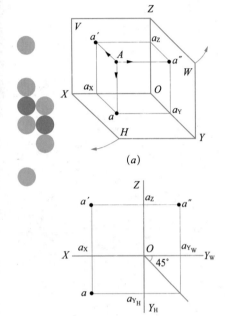

图 3-17 点的三面投影
(a) 立体图；(b) 投影图

作图：

(1) 按照三面正投影体系画出三轴及三个投影面：V 面、H 面、W 面。

(2) 在 OY_H 轴和 OY_W 轴之间作 45°角平分线。

(3) 根据"长对正、高平齐、宽相等"的投影规则，分别在 V 面、H 面、W 面上画出主视图、俯视图、左视图，如图 3-16 所示。

三视图的绘图顺序一般是：先画主视图，次画俯视图，再画左视图。

3.3 点的投影

点是最基本的几何元素，学会、掌握了空间点的三面投影，就容易理解空间直线的投影特性，也就容易理解空间平面的投影特性，就容易由三视图想象出形体的形状和空间位置，识读工程图就不那么困难了。

制图中规定，空间点用大写字母表示，点的三个投影都用同一个小写字母表示。其中 H 投影不加撇，V 投影加一撇，W 投影加两撇。

如图 3-17（a）所示，将空间点 A 置于三面投影体系中，采用正投影的方法进行投影，分别得到点 A 的水平面投影 a、正面投影 a'、侧面投影 a''。为了便于分析，用细实线将两点投影连接起来，分别与轴相交，得到 a_X、a_{Y_W}、a_Z、a_{Y_H}，展开后如图 3-17（b）所示。

3.3.1 点的坐标和点的空间位置

在空间中的任何一个点都有它的坐标 (x, y, z)，如图 3-18 所示，点 A 的坐标为 $(30, 20, 40)$。根据点的坐标，我们可以判断点在空间的位置：

1) $x, y, z \neq 0$，点为空间一般位置点。

2) $x = 0$，$y \neq 0$，$z \neq 0$ 时，点在 W 面上；
$y = 0$，$x \neq 0$，$z \neq 0$ 时，点在 V 面上；
$z = 0$，$y \neq 0$，$x \neq 0$ 时，点在 H 面上。

3) $x, y = 0$，$z \neq 0$，点在 z 轴上；
$y, z = 0$，$x \neq 0$，点在 x 轴上；

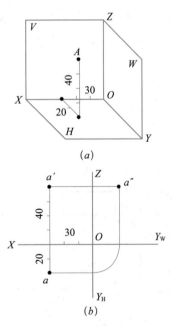

图 3-18 点的坐标

z,$x=0$,$y\neq 0$,点在 y 轴上。

4)x,y,$z=0$,点在原点上。

3.3.2 点的投影规律

根据点的三面投影和点的坐标,可以得到点的投影规律:

(1)正面投影与水平投影的连线垂直于 OX 轴。因为点的正面投影和水平投影都反映了空间点 X 轴的坐标值。

(2)正面投影与侧面投影的连线垂直于 OZ 轴。因为点的正面投影和侧面投影都反映了空间点 Z 轴的坐标值。

(3)水平投影到 OX 轴的距离等于侧面投影到 OZ 轴的距离。

点的投影规律其实就是形体三面投影"长对正,高平齐,宽相等"的理论基础。

【例 3-3】 已知点 A 的两面投影,求作该点的第三面投影。

分析:给出点的两面投影,即可知道点的三个坐标值。点的第三坐标可从中找出,即可作出点的第三投影。也可根据点的投影规律作出点的第三投影。作图方法如图 3-19 所示。

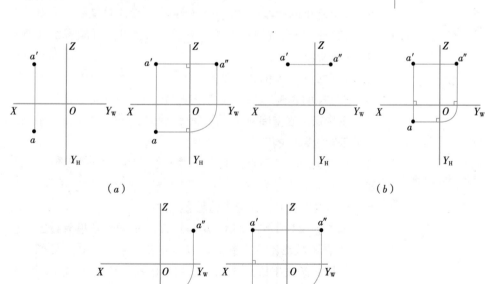

图 3-19 已知点的两面投影求作第三面投影
(a)已知 a,a' 求 a'';(b)已知 a',a'' 求 a;(c)已知 a,a'' 求 a'

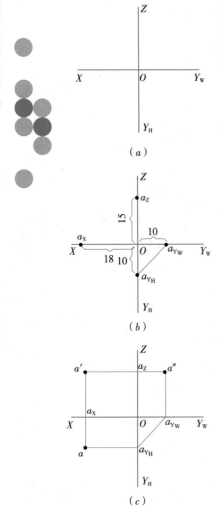

图 3-20 由点的坐标求作三面投影

【例 3-4】 已知点 A 的坐标（18，10，15），求作 A 点的三面投影图。

分析：作法如图 3-20 所示。

（1）作三面投影体系的投影轴，分别标上名称 X、Y、Z 轴，原点 O。

（2）在 X 轴上量取 $a_X=18$，Y_H、Y_W 轴上量取 $a_{Y_H}=a_{Y_W}=10$，Z 轴上量取 $a_Z=15$。

（3）根据点的投影规律，过 a_X、a_{Y_H}、a_{Y_W}、a_Z 分别作所在轴线的垂线，交点 a、a'、a''，即为点 A 的三面投影。

3.3.3 点的相对位置关系和重影点

两点的相对位置指两点在空间的上下、前后、左右位置关系。

如图 3-21 所示，A、B 点的相对位置关系判断方法：

（1）X 坐标大的在左，X 坐标小的在右；

（2）Y 坐标大的在前，Y 坐标小的在后；

（3）Z 坐标大的在上，Z 坐标小的在下。

重影点：当空间两点位于对投影面的同一条投影线上时，这两点在该投影面上的投影重合，称这两点为对该投影面的重影点。

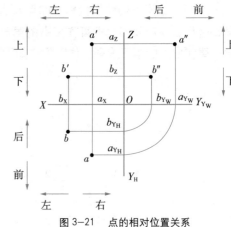

图 3-21 点的相对位置关系

如图 3-22 所示，点 A、B 在对 H 面的同一条投射线上，它们在 H 面的投影重合，称为对 H 面的重影点；点 A、点 C 在对 W 面的同一条投射线上，它们在 W 面的投影重合，称为对 W 面的重影点。

当两个点出现两个坐标相同的时候就会出现重影的现象，两点在某个投影面出现重影的时候，判断两点的可见性，需要从另两个投影面上来判断，其中，可见的点的投影直接用投影符号表示，不可见的点的投影用投影点符号外加括号方式表达。

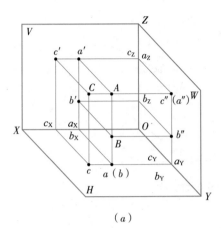
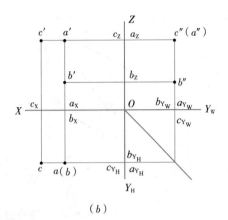

（a） （b）

图 3-22 重影点
(a) 直观图；(b) 投影图

如图 3-23 所示，点 B 和点 C 在 V 面上投影重合，在判断其可见性的时候，可以根据 W 和 H 面投影中，B 点的 Y 坐标大于 C 点的 Y 坐标，故 B 点在 C 点的前面，故 B 点可见，C 点不可见，要加括号。在 H 面上，点 A 和点 B 投影重合，A 点的 Z 坐标大于 B 点的 Z 坐标，故 A 点在 B 点的上方，A 点可见。

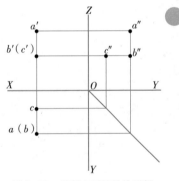

图 3-23 重影点可见性的判断

3.4 直线的投影

在学习点的投影规律后，进一步掌握直线的投影规律。我们知道，两点即可确定一直线。求直线的投影，只要确定直线上两个点的投影，然后将其同面投影连接，即得到直线的投影。按照直线与投影面的相对位置不同，直线的投影分为：

3.4.1 一般位置直线

对三个投影面均倾斜的直线，称为一般位置直线，如图 3-24 所示。

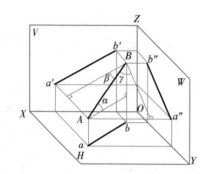 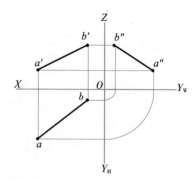

图 3-24 一般位置直线的投影

3.4.2 特殊位置直线

1. 投影面的平行线

平行于某一投影面且与另两投影面倾斜的直线，称为投影面平行线。投影面的平行线分为三种：仅平行于 V 面的直线称为正平线；仅平行于 H 面的直线称为水平线；仅平行于 W 面的直线称为侧平线。

图 3-25 所示的直线 AB 是水平线。因此，它在 H 面内的水平投影 ab 反映实长，其他两个投影的 Z 坐标相等，均垂直于 Z 轴，但是在 V 面和 W 面内的投影不反映实长，长度缩短。

投影面的平行线（正平线、水平线、侧平线）的对照比较，详见表 3-1。

2. 投影面的垂直线

垂直于某一投影面且与另两投影面平行的直线，称为投影面垂直线。

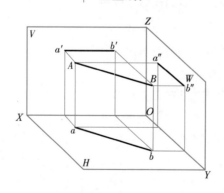 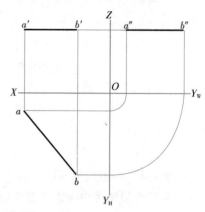

图 3-25 平行线投影（水平线）

投影面的垂直线分为三种：垂直于 H 面的直线称为铅垂线；垂直于 V 面的直线称为正垂线；垂直于 W 面的直线称为侧垂线。

图 3-26 所示的直线 AB 是铅垂线，它垂直于 H 面，而与另外两个投影面平行。因此，它的水平投影在 H 面积聚于一点，而其他两个投影在 V 面和 W 面都反映实长，并平行于 OZ 轴。

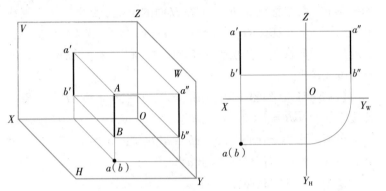

图 3-26 投影面的垂直线（铅垂线）

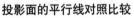

投影面的平行线对照比较　　　　　　　　　　表 3-1

种　类	轴 测 图	投 影 图	说　明
正平线 (平行于 V 面，倾斜于 H 面、W 面)			1. 投影特性： 在平行的投影面上的投影反映实长，在另外两个投影面上的投影分别平行于相应的投影轴，但其投影长度缩短 2. 判别方法： 一斜两直线，定是平行线。斜线在哪面，平行哪个面（投影面）
水平线 (平行于 H 面，倾斜于 V 面、W 面)			
侧平线 (平行于 W 面，倾斜于 V 面、H 面)			

投影面的垂直线（铅垂线、正垂线、侧垂线）的对照比较，详见表3-2。

3.4.3 直线上的点

如图3-27所示，若空间点 C 在直线 AB 上，则 C 点在 V 面的投影 c' 点在直线 $a'b'$ 上，在 H 面的投影 c 点也一定在直线 ab 上，那么线段比 $AC:CB = ac:cb = a'c':c'b'$ 一定成立。这就是正投影性质中的从属性和定比性。利用这个性质，可以分割线段成定比。

【例3-5】 如图3-28（a）所示，C 点在直线 AB 上，要求使线段 $AC:CB = 1:2$，画图求作 c 和 c' 点。

分析：根据定比性，$ac:cb = a'c':c'b' = 1:2$，只要将 ab 或 $a'b'$ 分成三等分即可求出 c 和 c' 点。

作图（图3-28（b））：

投影面的垂直线对照比较　　　　　　　　　　　表3-2

种　类	轴测图	投影图	说　明
铅垂线 （垂直于 H 面，平行于 V 面、W 面）	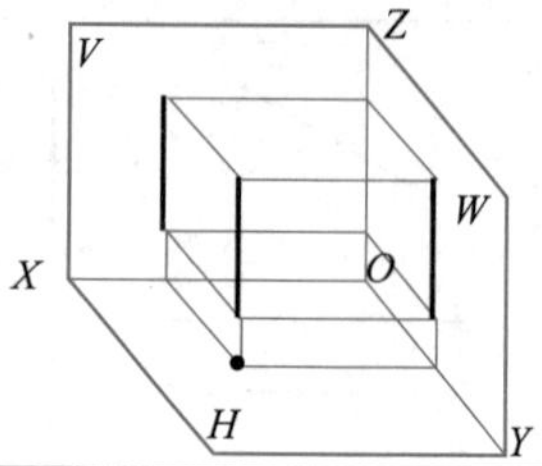	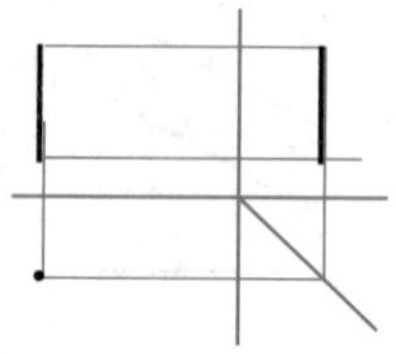	1. 投影特性： 在所垂直的投影面上的投影积聚为点，在另两个投影面上的投影都反映实长，且平行于同一投影轴 2. 判别方法： 一点两直线，定是垂直线，点在哪个面，垂直哪个面（投影面）
正垂线 （垂直于 V 面，平行于 H 面、W 面）	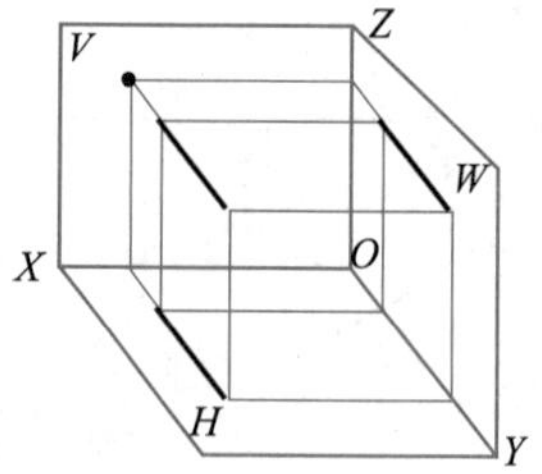	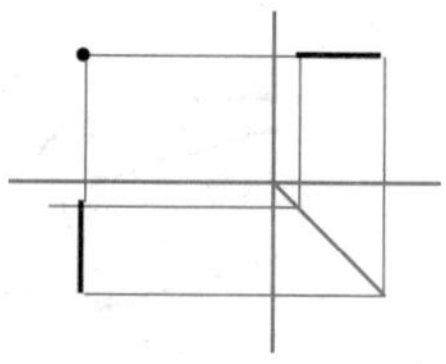	
侧垂线 （垂直于 W 面，平行于 H 面、V 面）	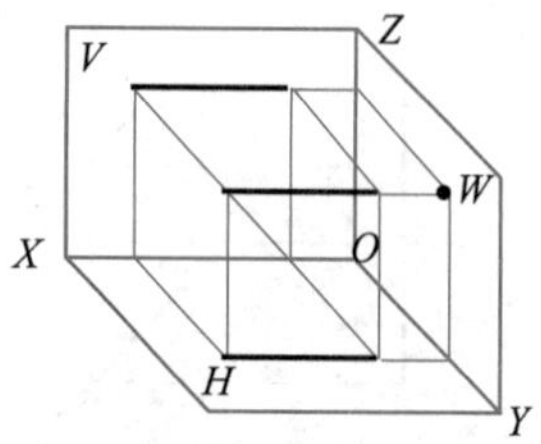	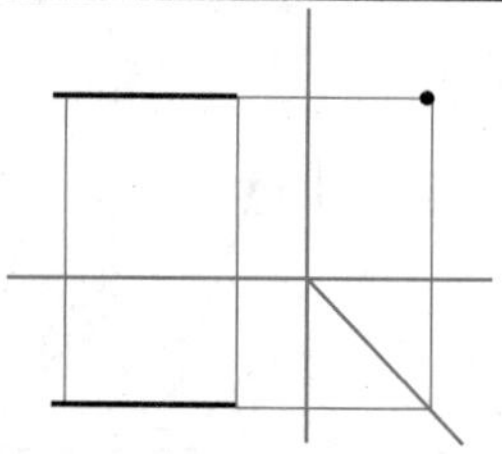	

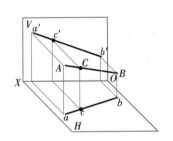
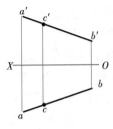

图 3-27 点在直线上的投影

(1) 从 a 点引辅助线 aB_0；

(2) 在 aB_0 线段上截取三等分；

(3) 连接 B_0、b 两点，过 1 点作 B_0b 的平行线与 ab 相交得 c 点；

(4) 求 c 点在 V 面的投影，即得出 c' 点。

3.4.4 两直线的相对位置

空间两直线的相对位置可以分为三种：平行、相交、交叉。

1. 平行两直线

空间两直线平行，则它们的同面投影必然相互平行（图 3-29（a））；反之，如果两直线的各个同面投影相互平行，则两直线在空间也一定相互平行。

若要在投影图上判断两条一般位置直线是否平行，只要看它们的两个同面投影是否平行即可（图 3-29（b））。但对于投影面的平行线，则必须根据其三面投影（或其他的方法）来判别（图 3-29（c））。

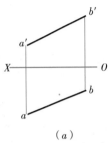

(a)

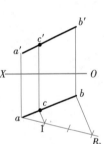

(b)

图 3-28 直线上点的作图

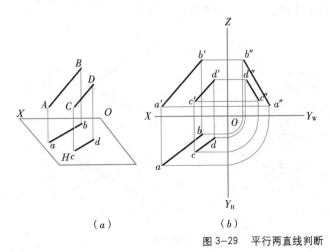
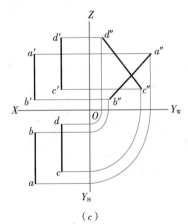

(a)   (b)   (c)

图 3-29 平行两直线判断

2. 相交两直线

当两直线相交时，它们在各个投影面上的同面投影也必然相交，并且交点符合点的投影规律。如图 3-30 所示，直线 AB 和直线 CD 相交于 K 点，即称 K 点是直线 AB 和直线 CD 的公交点。根据点的投影规律，则在 V 面投影图上，k' 点是直线 a' b' 和 c' d' 的公交点；同理，在 H 面投影图上，k 点也是直线 ab 和 cd 公交点；并且直线 k k'⊥OX 轴。

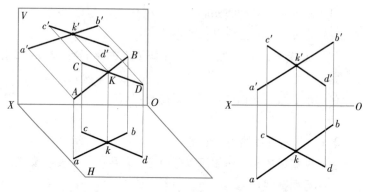

图 3-30　相交两直线

从上述分析可知，直线 AB 和直线 CD 有公交点，所以直线 AB 和直线 CD 相交。

3. 交叉两直线

当空间两直线既不平行也不相交时，称为交叉直线。交叉直线在空间不相交，然而其同面投影可能相交，这是由于两直线上点的同面投影重影所致，如图 3-31 所示。

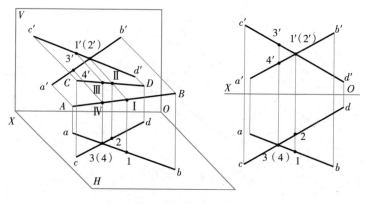

图 3-31　交叉两直线

由图 3-31 可以看出，Ⅰ、Ⅱ 为对 V 的重影点，水平投影 1′ 比 2′ 靠前，所以属于 AB 直线的 Ⅰ 点是可见的，属于 CD 直线的 Ⅱ 点是不可见的；Ⅲ、Ⅳ 为对 H 的重影点，因其正面投影 3 比 4 靠上，所以Ⅲ点可见，Ⅳ点不可见。

从上述分析可知，直线 AB 和直线 CD 没有公交点，所以直线 AB 和直线 CD 不相交，只是交叉。

3.5 平面的投影

3.5.1 平面的表示方法

(1) 不在同一直线上的三个点表示一平面，具体如图 3-32 (a) 所示。
(2) 一直线和线外一点表示一平面，具体如图 3-32 (b) 所示。
(3) 相交两直线表示一平面，具体如图 3-32 (c) 所示。
(4) 平行两直线表示一平面，具体如图 3-32 (d) 所示。
(5) 平面图形（任意平面多边形）表示一平面，具体如图 3-32 (e) 所示。

3.5.2 平面的位置及其投影特性

空间的平面相对投影面共有三种相对位置：平行、垂直、一般位置。

平面的投影 $\begin{cases} \text{一般位置平面} \\ \text{特殊位置平面} \begin{cases} \text{投影面的平行面} \\ \text{投影面的垂直面} \end{cases} \end{cases}$

1. 一般位置平面

倾斜于三个投影面的平面称为一般位置平面，它的投影特性如下（图 3-33）所示：

(1) 三面投影均无积聚性。
(2) 三面投影反映原平面的类似形状，但都小于实形。

2. 投影面的平行面

平行于某一投影面，垂直于另两个投影面的平面称为投影面的平行面。它有三种情况：①与

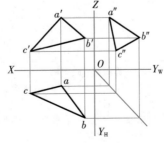

图 3-33 一般位置平面的投影

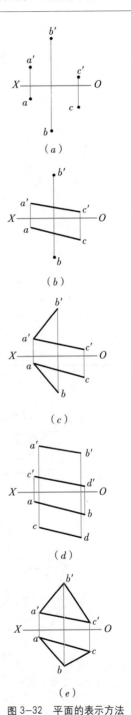

图 3-32 平面的表示方法

V 面平行的平面称为正平面；②与 H 面平行的平面称为水平面；③与 W 面平行的平面称为侧平面；表 3-3 列出了三种投影面平行面的投影及其特性。

投影面平行面的投影特性：

（1）如平面用平面形图表示，则其在所平行的投影面上的投影，反映平面图形的实形；

（2）在另外两个投影面上的投影均为直线段，有积聚性，且平行于相应的投影轴。

判别方法：

只要有一个投影积聚为一条平行于投影轴的直线，一定为投影面的平行面，且平行于非积聚投影所在的投影面。

3. 投影面的垂直面

垂直于某一投影面，倾斜于另两个投影面的平面称为投影

投影面平行面的投影特性　　　　　　　　　　　　　　　　表 3-3

名称	水平面（∥H）	正平面（∥V）	侧平面（∥W）
轴测图	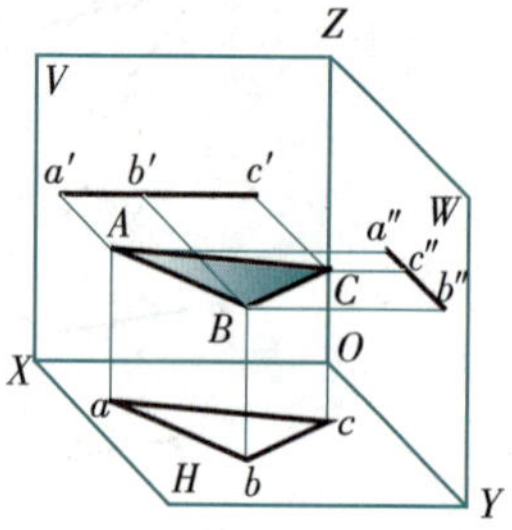 	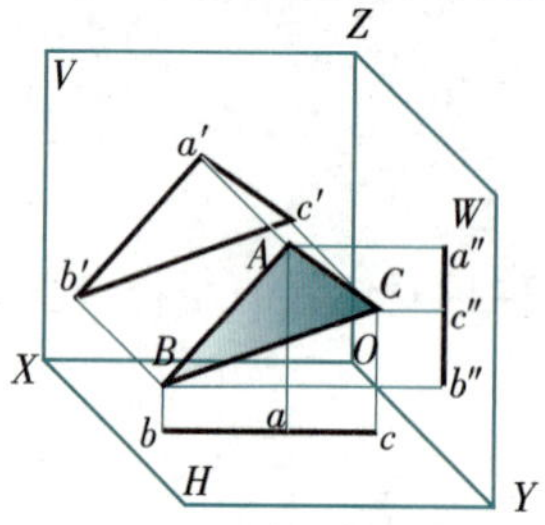	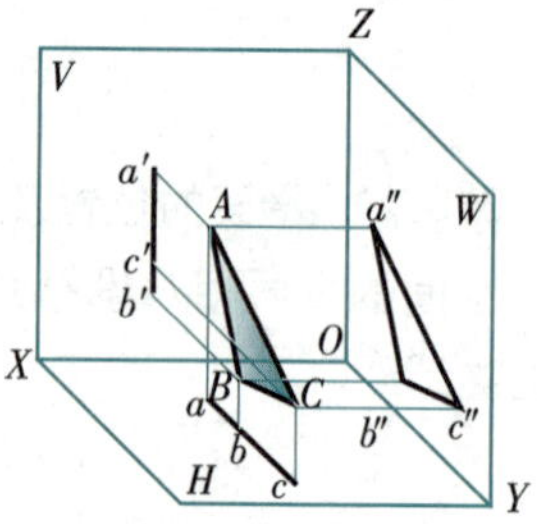
投影图	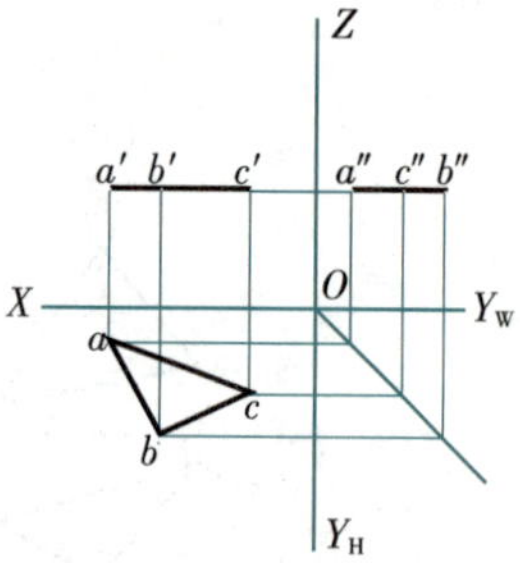	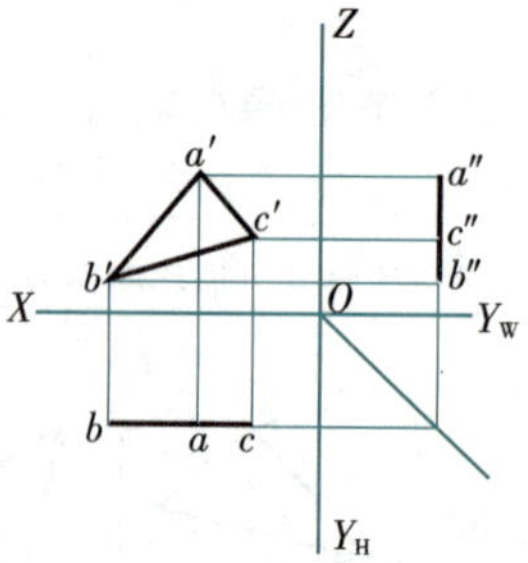	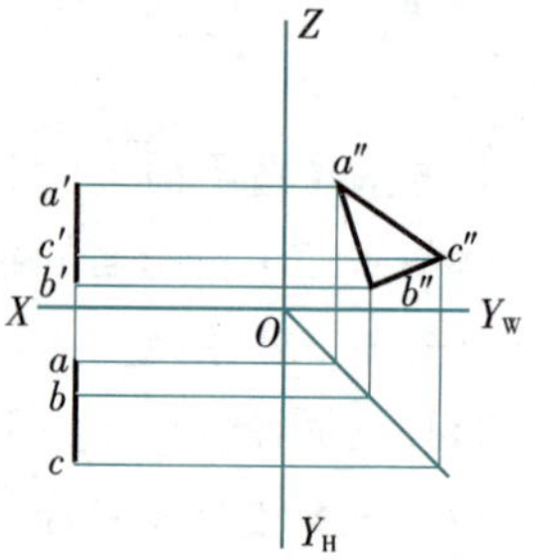
投影特性	1. 水平投影反映实形 2. 正面投影为有积聚性的直线段，且平行于 OX 轴 3. 侧面投影为有积聚性的直线段，且平行于 OY_W 轴	1. 正面投影反映实形 2. 水平投影为有积聚性的直线段，且平行于 OX 轴 3. 侧面投影为有积聚性的直线段，且平行于 OZ 轴	1. 侧面投影反映实形 2. 水平投影为有积聚性的直线段，且平行于 OY_H 轴 3. 正面投影为有积聚性的直线段，且平行于 OZ 轴

面的垂直面。它有三种情况：①与 H 面垂直的平面称为铅平面；②与 V 面垂直的平面称为正垂面；③与 W 面垂直的平面称为侧垂面；表 3-4 列出了三种投影面垂直面的投影及其特性。

投影面垂直面的投影特性：

（1）在其所垂直的投影面上，投影为斜直线，有积聚性；该斜直线与投影轴的夹角反映该平面对相应投影面的倾角；

（2）如用平面图形表示平面，则在另外两个投影面上的投影不是实形，但有相仿性。

判别方法：

只要平面的一个投影积聚为一倾斜直线，一定为投影面的垂直面，且垂直于积聚投影所在的投影面。

投影面垂直面的投影特性　　　　　　　　　表 3-4

名称	铅锤面（⊥H）	正垂面（⊥V）	侧垂面（⊥W）
轴测图	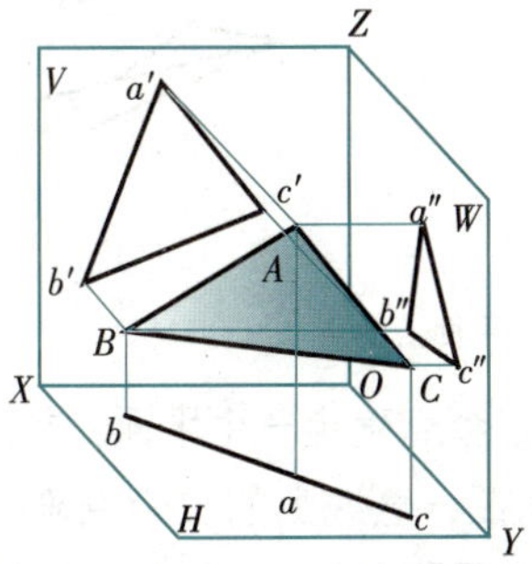	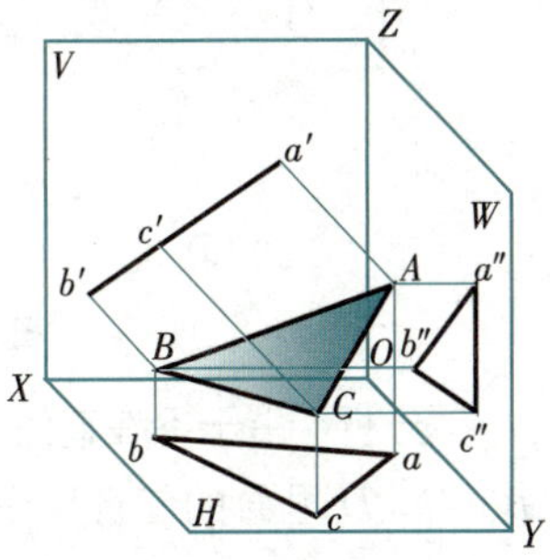	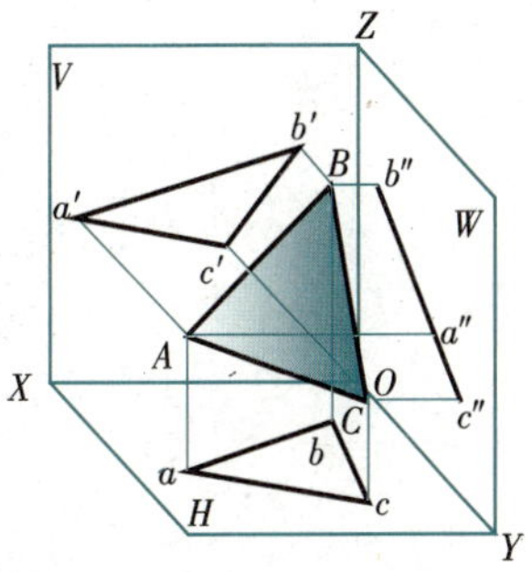
投影图	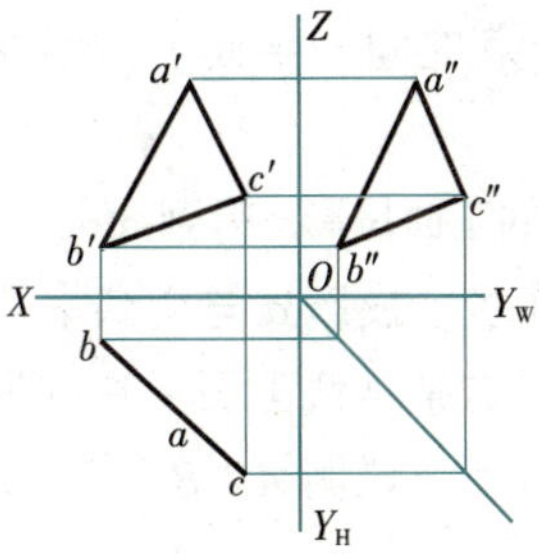	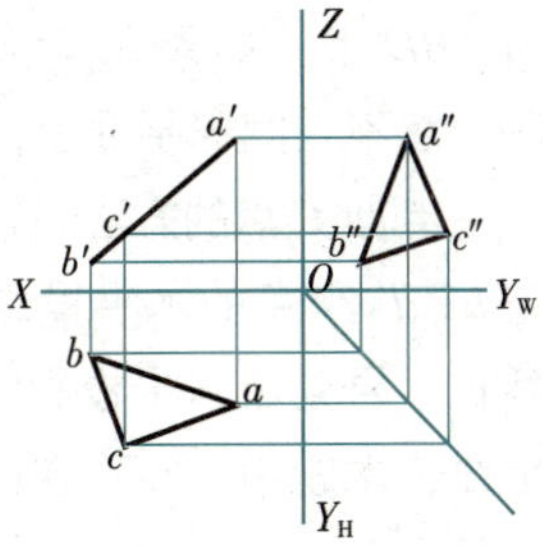	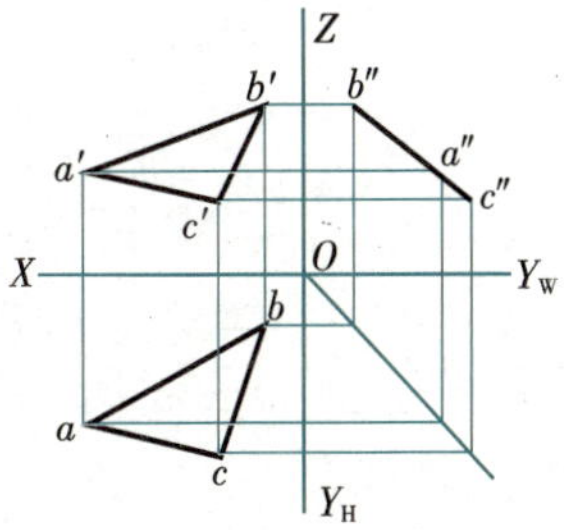
投影特性	1. 水平投影成为有积聚性的直线段 2. 正面投影和侧面投影均与原形类似	1. 正面投影成为有积聚性的直线段 2. 水平投影和侧面投影均与原形类似	1. 侧面投影成为有积聚性的直线段 2. 正面投影和侧面投影均与原形类似

3.5.3 平面上的直线和点

1. 平面上的直线

直线在平面上的判断：

（1）过平面上两点连一直线，则线在面上。

（2）过平面上一点作面上另一直线的平行线，则所作直线在面上。

【例 3-6】 如图 3-34（a）所示，判别点 A、B、C、D 是否在同一平面上。

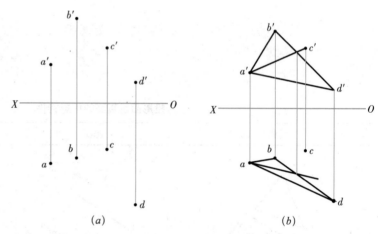

图 3-34 平面上的点

分析：由于不在直线上的三个点确定一个平面，首先找出 A、B、C、D 里面的任意三个，不在一直线上的三个点确定一平面，如图 3-34（b）所示，首先确定平面 ABD，再判断 C 点是否在平面 ABD 上，如果在，说明四个点在同一平面上；不在，则说明四个点不在同一平面上。

判断 C 点的方法：连接 AC 的正面投影，得到 $a'c'$，作 $a'c'$ 与 $b'd'$ 交点的水平投影，连接水平投影 a 与交点水平投影点并延长，再判断水平投影 c 是否在这条延长线上面，在则说明是同一平面。本题中 c 并不在此延长线上，说明 A、B、C、D 点并不同一平面上。

【例 3-7】 已知四边形 $ABCD$ 的水平投影及 AB、BC 两边的正面投影，如图 3-35（a）所示，试完成该四边形的正面投影。

分析：由于四边形 $ABCD$ 两相交边线 AB、BC 的投影已知，

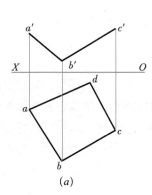
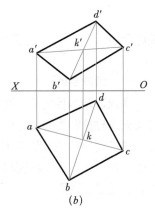

图 3-35 多边形的投影
(a) 已知条件；(b) 投影作图

即平面 ABC 已知，所以本题实际上是求属于平面 ABC 上的点 D 的正面投影 d'。于是在图 3-35 (b) 中连 $abcd$ 的对角线得交点 k，过 k 作 $kk' \perp OX$ 轴交 $a'c'$ 于 k'，延长 $b'k'$ 交过 d 向上所作的投影线于 d'，连 $a'd'$、$c'd'$，即得所求四边形正面投影。

2. 平面上的点

点在平面上的条件是：点在平面上，点一定在平面上的一条直线上。

【例 3-8】 已知点 M 在平面三角形 ABC 上，如图 3-36 (a) 所示，作出 M 点的三面投影。

分析：已知 M 在平面上，则点必在过平面的一条直线，找到这样的一根直线，并作出它的三面投影，则 M 点的其余两面投影必然也在这条直线的其余两投影线上。作法如图 3-36 (b) 所示。

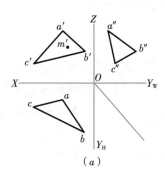
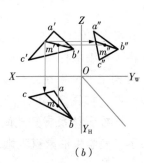

图 3-36 平面上的点

空间直线的投影及其特性

一、活动目的

本项活动的目的是：通过师生动手制作实物模型，学生理解空间直线与投影面的平行线和垂直线的概念及特殊位置直线的投影特性及判别方法，进而熟悉空间两直线的位置与投影的关系。通过这些活动，可以巩固和提升学生的三面投影的概念，为识读专业工程图打好基础。

二、步骤及方法

1. 制作三面投影体系

在 50cm×50cm 见方的硬纸板上，画出对称中轴线，标上 H、V、W 字母，这样就将纸张分为四个面，即 H 面、V 面、W 面和一个空白面，如图 3-37（a）所示；用剪刀裁去空白面，如图 3-37（b）所示；以 H 面不动，将 V 和 W 面分别折起 90°，使三个投影面互相垂直，如图 3-37（c）所示。

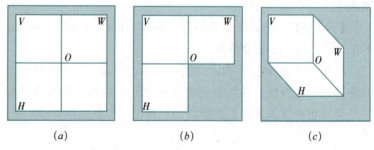

图 3-37　三面投影体系分步制作示意

2. 实物制作与绘制三面投影

将 1 根细木杆用细钢丝绑定后，钢丝的另一端用橡皮泥固定在 H 面上，分别在三个投影面上按投影规律绘制出直线的三面投影图，如图 3-38 所示。比例为 1∶1，然后将硬纸板围成的三面投影体系展开成同一平面，如图 3-39 所示。通过这一演示，使学生形象直观地理解特殊位置直线的投影特性及判别方法。

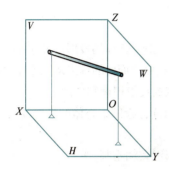
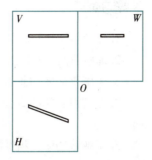

图 3-38 细木杆在三面投影体系中的摆放　　图 3-39 细木杆的三面投影图

3. 空间两直线的相对位置理解

同时将 2 根细木杆用细钢丝绑定后置于在 H 面上，通过调整钢丝的长度和移动橡皮泥的固定点，可摆放出空间两直线的平行、相交、交叉三种相对位置关系（图 3-40），并画出空间两直线的三面投影图，如图 3-41 所示。通过展开、折起硬纸板围成的三面投影体系，训练学生对空间直线和三面投影图的对应关系，巩固学生的投影概念，为识读工程图打好基础。

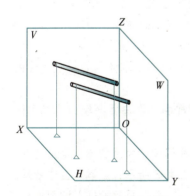
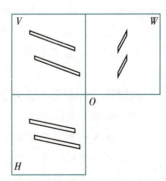

图 3-40 空间两直线的摆放　　图 3-41 空间两直线的三面投影图

单元 4　形体的投影

> **学习重点**
>
> 1. 理解平面体的投影，识读、绘制平面体的投影及尺寸标注；
> 2. 理解曲面体的投影，识读、绘制曲面体的投影及尺寸标注；
> 3. 了解平面体和曲面体表面点的投影识读和作图；
> 4. 理解组合体的组合方式，识读、绘制组合体的投影及尺寸标注；
> 5. 了解截切体、相贯体的投影识读和绘制。

市政工程构筑物如挡土墙、桥墩、桥台、涵洞、管道、窨井等都可看成是形体，其投影图都采用正投影来绘制。图 4-1 所示为一涵洞的三面投影图，要想读懂该投影图，必须要具备一定的识读能力和空间想象力。本单元主要介绍各种形体投影的形成、特点，以及投影图的绘制和识读方法及技巧。

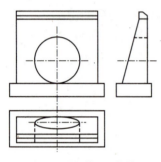

图 4-1　涵洞的三面投影图

形体有基本几何体和组合体之分，在日常生活、生产中，会有各种形状的物体，其中有一些物体的形状既简单又有规则，我们把它们称为基本几何体，简称基本体，如柱、锥、台、球等形体都是基本几何体。工程上常见的一些基本几何体如图 4-2 所示，制图科目中，经常将基本几何体分为平面体和曲面体两大类，主要是因为它们的构成及投影特点都有不同之处。

平面体——表面都是由平面构成的基本体，如棱柱、棱锥、棱台。

曲面体——表面都是由曲面或由曲面与平面组成的基本体，如圆柱、圆锥、圆台和球。

至于其他形状复杂的物体，我们称它为组合体，是由基本几何体经叠加、切割而形成的。如图 4-3 所示，涵洞组合体就是由两个四棱柱、一个五棱柱叠加，然后在上面四棱柱上切割去一个

     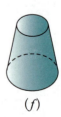 

　(a)　　　　　(b)　　　　　(c)　　　　　(d)　　　　　(e)　　　　　(f)　　　　　(g)

图 4-2　常见的基本几何体

(a) 棱柱体；(b) 圆柱体；(c) 棱锥体；(d) 圆锥体；(e) 棱台体；(f) 圆台体；(g) 球体

土木工程识图（道路桥梁类）

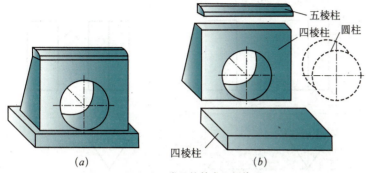

图 4-3　常见的基本几何体
(a) 涵洞立体；(b) 涵洞的组成

圆柱体而形成。所以学好基本几何体的投影是基础，否则就无法读懂组合体的投影图。

4.1　平面体的投影

4.1.1　棱柱体的投影

以正三棱柱体为例。图 4-4 (a) 为一正三棱柱体，上、下底面为全等的正三角形，三个侧面为全等的矩形，所有侧棱都垂直于底面。

将此三棱柱体体置于三投影面体系中，如图 4-4 (b) 所示，上、下底面为水平面；左、右两侧面为铅垂面；后侧面为正平面，侧棱都为铅垂线。投影面展开后形成的投影如图 4-4 (c) 所示。

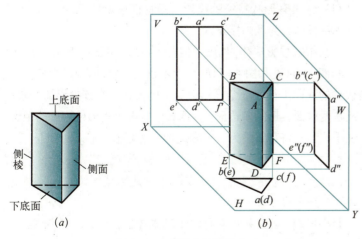

图 4-4　三棱柱体的投影（一）
(a) 三棱柱；(b) 直观图

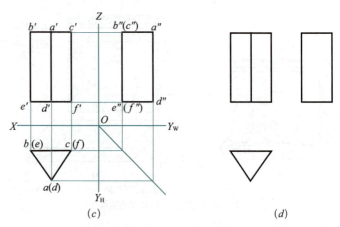

图 4-4 三棱柱体的投影（二）
(c) 投影图；(d) 无轴投影图

投影图 4-4 (c) 中有投影轴，但工程构筑物的投影图一般是没有投影轴的（称为无轴投影图），如图 4-4 (d) 所示，该投影图虽无投影轴，但其位置不变，且符合三面投影关系（长对正、高平齐、宽相等）。无轴投影图的绘制一定要严格遵循三面投影关系。

【例 4-1】 图 4-5 (a) 为一正六棱柱体，上、下两底面为正六边形，侧面为六个棱柱面（矩形），上、下底面与水平投影面平行，并有两个棱面平行于正投影面。试绘制正六棱柱体的无轴投影图。

作图方法与步骤：

(1) 作具有形状特征的投影（即特征投影）：画出正六棱柱体的水平投影，为圆内接正六边形；

(2) 根据投影规律，作出其他两个投影，如图 4-5 (b) 所示。

从图 4-4 (d) 和图 4-5 (b) 可以看出，正棱柱体的投影特征为：当棱柱的底面平行某一个投影面时，则棱柱体在该投影面上投影为反映两底面实形的多边形，另两面的投影为矩形或矩形的组合。为便于记忆，将它归纳为"一多边形，两矩形"。

棱柱体的投影图识读：根据棱柱体投影特点，凡符合"一多边形，两矩形"的投影所表示的基本体应为棱柱体，是几棱柱，则要看多边形投影图，是几边形就为几棱柱。

【例 4-2】 图 4-6 中有四个基本体的投影图，请识读：分别为什么基本体？

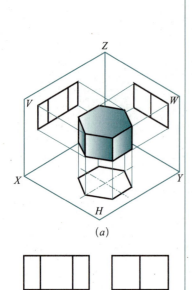

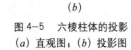

图 4-5 六棱柱体的投影
(a) 直观图；(b) 投影图

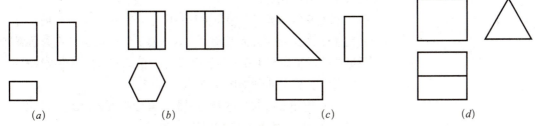

图 4-6 棱柱体投影图识读

解答：

（1）判断投影特点：图 4-6 中的投影都符合棱柱体的投影特点——"一多边形，两矩形"。

（2）结论：(a) 四棱柱体，底面平行于 H 面（也可将其他面作为底面，但一般将 H 面作为底面）；

（b）六棱柱体，底面平行于 H 面；

（c）三棱柱体，底面平行于 V 面；

（d）三棱柱体，底面平行于 W 面。

注意：基本体的投影图识读有一个原则，"一图一体"，即一个三面投影图表示一个基本体。

4.1.2 棱锥体

以正三棱锥体为例。图 4-7（a）为一正三棱锥体，底面为正三角形，各侧面是有公共点的全等三角形，且其棱锥顶点在过

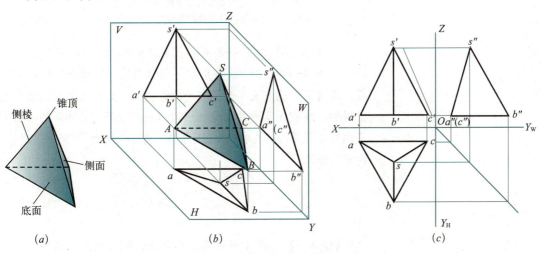

图 4-7 三棱锥体三面投影图形成
（a）三棱锥体；（b）投影直观图；（c）投影图

底面中心的垂线上。

将此棱锥体置于三投影面体系中去，如图 4-7（b）所示，底面为水平面，后侧面为侧垂面，其他侧面为一般面。投影面展开后形成的投影如图 4-7（c）所示，看不见的轮廓线投影用虚线表示。

作图方法与步骤如图 4-7（c）所示：

（1）作正三棱锥体的特征投影：画出底面 △ABC 水平投影，为等边 △abc，并求出其中心点 s，连接 sa、sb、sc；

（2）根据投影规律，作出其他两个投影。

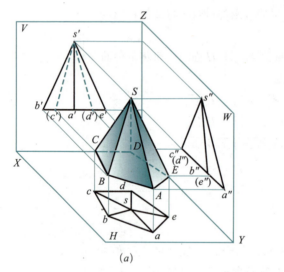
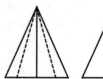

图 4-8　正五棱锥体三面投影图
（a）三棱锥体；（b）投影直观图

图 4-8（b）为图 4-8（a）正五棱锥体的三面投影图。

从图 4-7（c）和图 4-8（b）可以看出，正棱锥体的投影特征：当棱锥体的底面平行某一个投影面时，则棱锥体在该投影面上投影反映底面实形并含星状三角形的多边形，另两面的投影为三角形或三角形的组合。为便于记忆，将它归纳为"一星状多边形，两三角形"。

棱锥体投影图的识读：根据棱锥体投影特点，凡符合"一星状多边形，两三角形"的投影所表示的基本体应为棱锥体，是几棱锥，则要看星状多边形投影，是几边形就为几棱锥。

【例 4-3】　图 4-9 中有四个基本体的投影图，请识读：分别为什么基本体？

解答：

(1) 投影特点：图 4-9 中的投影都符合棱锥体的投影特征——"一星状多边形，两三角形"。

(2) 结论：(a) 五棱锥体，底面平行于 H 面；
(b) 三棱锥体，底面平行于 H 面；
(c) 四棱锥体，底面平行于 W 面；
(d) 三棱锥体，底面平行于 V 面。

4.1.3 棱台体

图 4-10 (a) 为一正四棱台体，上、下底面为正四边形，且上、下底面的中心在一条垂线上，各侧面都为全等梯形。

将此棱台体置于三投影面体系中，如图 4-10 (b) 所示，上、下底面为水平面，左右侧面为正垂面，前后侧面为侧垂面。其三面投影如图 4-10 (c) 所示。

从图 4-10 (c) 可以看出，正棱台体的投影特征：当棱台体的底面平行某一个投影面时，则棱台体在该投影面上的投影反映两底面实形并含梯形的多边形，另两面的投影为梯形或梯形的组合。为便于记忆，将它归纳为"一梯状多边形，两梯形"。

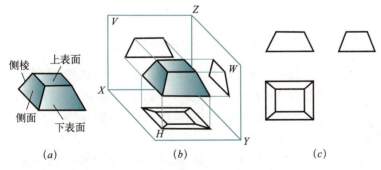

图 4-10 四棱台体三面投影图形成
(a) 四棱台体；(b) 投影直观图；(c) 投影图

棱台体投影图的识读：根据棱台体投影特点，凡符合"一梯状多边形，两梯形"的投影所表示的基本体一般为棱台体，是几棱台，则要看梯状多边形投影，是几边形就为几棱台。

【例 4-4】 图 4-11 中有四个基本体的投影图，请识读：分别为什么基本体？

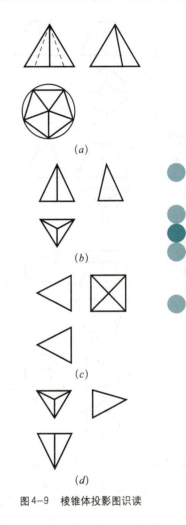

图 4-9 棱锥体投影图识读

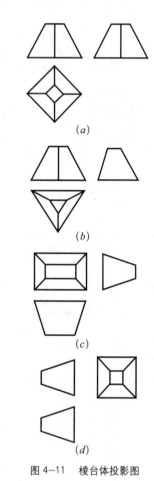

图 4-11 棱台体投影图

解答：

（1）投影特点：图 4-11 中的投影都符合棱台体的投影特点——"一梯状多边形，两梯形"。

（2）结论：(a) 四棱台体，底面平行于 H 面；
(b) 三棱台体，底面平行于 H 面；
(c) 四棱台体，底面平行于 V 面；
(d) 四棱台体，底面平行于 W 面。

4.1.4 平面体表面上点的投影

平面体投影的实质就是轮廓线和轮廓面的投影，因此轮廓线和轮廓面上的所有空间点都能在投影图中找到它的投影。

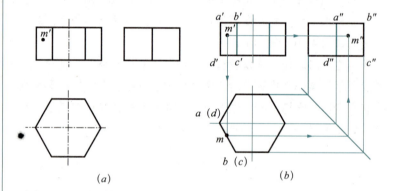

图 4-12 正六棱柱体表面点的投影

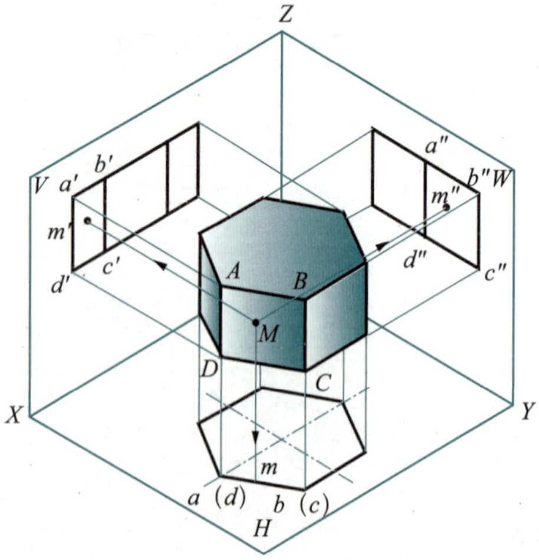

【例 4-5】 图 4-12(a) 为一正六棱柱体的三面投影，已知棱柱体的外表面上点 M 的正面投影 m'，试判断 M 点在什么外表面上，并求作其他两面投影 m、m''。

作图步骤：

（1）识读 M 点位置：如图 4-12（b）所示，因为 m' 在矩形投影 a' b' c' d' 上，且可见，所以点 M 必在矩形棱面 $ABCD$ 上。

（2）求作 M 的水平投影 m：棱面 $ABCD$ 是铅垂面，其水平投影积聚成一条直线 ab，故点 M 的水平投影 m 必在此直线上。所以过 m' 向下作垂线交 ab 于一点，此点为 M 的水平投影 m（注意：点与积聚成直线的平面重影时，不加括号）。

图 4-13 正六棱柱体表面点 M 投影的直观图

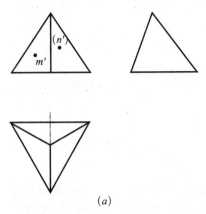
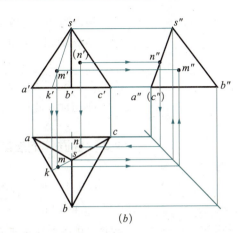

(a)　　　　　　　　　　　　　　(b)

图 4-14　正三棱锥体表面点的投影

(3) 求作 M 的水平投影 m''：再根据 m、m' 和点的投影规律，可求出 m''。由于 $ABCD$ 的侧面投影为可见，故 m'' 也为可见。

立体形状，如图 4-13 所示。

【例 4-6】　图 4-14（a）为一正三棱锥体的三面投影，已知棱锥体的外表面上点 M、N 的正面投影 m'、n'，试判断 M、N 分别在哪个外表面上，并求作其他两面投影。

作图步骤：

(1) 识读 M、N 点位置：如图 4-14（b）所示，因为 m' 在 $\triangle s'a'b'$ 上，且可见，所以点 M 必在棱面 $\triangle SAB$ 上；因为 n' 在 $\triangle s'b'c'$ 上，但不可见，所以点 N 则在棱面 $\triangle SAC$ 上。

(2) 求作 M 点的投影 m、m''：找出 $\triangle SAB$ 三个投影，可以知道 $\triangle SAB$ 是一般位置平面，需采用辅助线法求其他投影（即过点 M 及锥顶点 S 作一条直线 SK，与底边 AB 交于点 K，如作出直线 SK 水平投影，则可求出点 M 的水平投影，因其投影必在 SK 水平投影上）。所以，在图 4-14（b）中，先过 m' 作 $s'k'$，再作出其水平投影 sk；然后过 m' 向下作垂线交 sk 于一点，此点为 M 的水平投影 m；再根据 m、m'，即可求出 m''。m'' 为可见。

(3) 求作 N 点的投影 n、n''：因点 N 在棱面 $\triangle SAC$ 上，根据棱面 $\triangle SAC$ 的三个投影可知，$\triangle SAC$ 为侧垂面，即它的侧面投影积聚为直线段 $s''a''(c'')$，因此 n'' 必在 s'' $a''(c'')$ 上。所以过 n' 向右作水平线交 $s''a''(c'')$ 于一

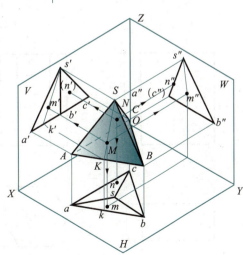

图 4-15　正三棱锥体表面点 M、N 投影的直观图

点，该点为 N 点的侧面投影 n''。再根据 n'、n'' 即可求出 n。立体图则如图 4-15 所示。

4.1.5 平面体的尺寸标注

平面体一般标注长、宽、高三个方向的尺寸，如图 4-16 所示。

4.2 曲面体的投影

4.2.1 圆柱体的投影

图 4-17 (a) 为一圆柱体，由两个圆底面和一个圆柱曲面构成。圆曲面可以看作是由无数根竖直线组成，这些竖直线称为素线。

将圆柱体放在三投影面体系中，如图 4-17 (b) 所示。上、下底面为水平面，所有的素线都垂直于 H 面。其投影如图 4-17 (c) 所示。

上、下底面在 H 面上的投影为一反映实形的圆，在 V 面和 W 面上的投影都积聚为"平"线；圆柱面曲面在 H 面的投影积聚为一圆周，在 V 面的投影，用圆柱面上最左和最右两条素线的投影来表示，在 W 面的投影，用圆柱面上最前和最后两条素线的投影来表示。

作图方法与步骤如图 4-17 (c) 所示：

(1) 作水平面投影的中心线和中心轴线的正面投影和侧面投影（细点画线）；

(2) 作水平面投影的圆形；

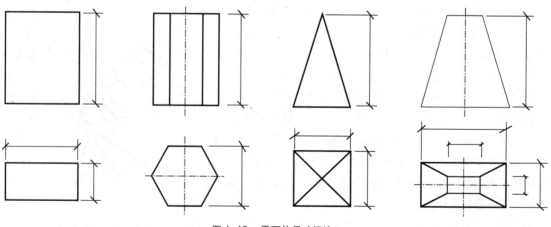

图 4-16 平面体尺寸标注

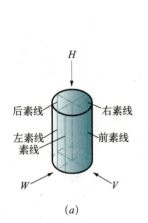 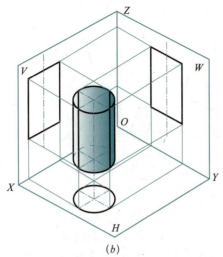 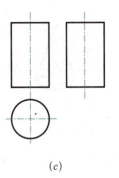

图 4-17 圆柱体的投影
(a) 圆柱体；(b) 投影直观图；(c) 投影图

(3) 根据圆柱体的高度，按投影规律，作出正面投影和侧面投影。

从图 4-17 (c) 可以看出，圆柱体的投影特征：当圆柱体的底面平行某一个投影面时，则圆柱体在该投影面上投影为反映两底面实形的圆，另两面的投影为两个带中心轴线的全等矩形。为便于记忆，将它归纳为"一圆，两矩形"。

圆柱体的投影图的识读：根据圆柱体投影特点，凡符合"一圆，两矩形"的投影所表示的基本体应为圆柱体，其中心轴线垂直于圆所在的投影面。

【例 4-7】 图 4-18 中有三个基本体的投影图，请识读：分别为什么基本体？

解答：

(1) 投影特点：图 4-18 中的投影都符合圆柱体的投影特点——"一圆，两矩形"。

(2) 结论：(a) 中心轴线垂直于 V 面，为正垂圆柱体；
(b) 中心轴线垂直于 W 面，为侧垂圆柱体；
(c) 中心轴线垂直于 H 面，为铅垂圆柱体。

4.2.2 圆锥体

图 4-19 (a) 为一圆锥体，由一个圆锥曲面和一个圆底面组成。顶点与底面圆周线上点的连线为素线。

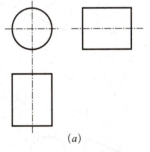

(a)

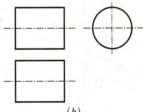

(b)

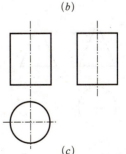

(c)

图 4-18 圆柱体的投影图

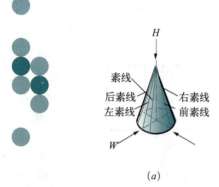
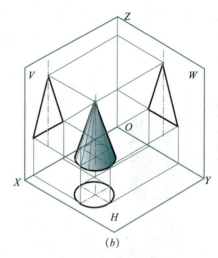
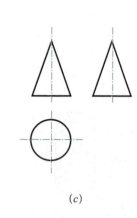

图 4-19 圆锥体的投影
(a) 圆锥体；(b) 投影直观图；(c) 投影图

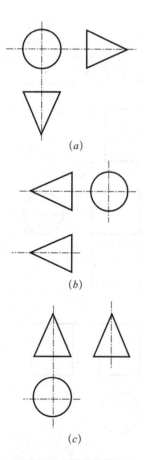

图 4-20 圆锥体的投影图

将圆锥体放在三投影面体系中，如图 4-19 (b) 所示。底面为水平面，中心轴线垂直于水平面。其投影如图 4-19 (c) 所示。

底面在 H 面上的投影为反映底面实形的圆，在 V 面和 W 面投影都积聚为一平线；圆锥曲面在 H 面投影为一类似形——圆形，与底面投影重合，素线投影不画，在 V 面的投影用圆锥曲面上最左和最右两条素线的投影来表示，在 W 面的投影用圆锥曲面上最前和最后两条素线的投影来表示。绘制方法同圆柱体。

从图 4-19 (c) 可以看出，圆锥体的投影特征：当圆锥的底面平行某一个投影面时，则圆锥体在该投影面上投影为反映底面实形的圆，另两面的投影为两个带中心轴线的全等等腰三角形。为便于记忆，将它归纳为"一圆，两三角形"。

圆锥体的投影图识读：根据圆锥体投影特点，凡符合"一圆，两三角形"的投影所表示的基本体应为圆锥体，其中心轴线垂直于圆所在的投影面。

【例 4-8】 图 4-20 中有三个基本体的投影图，请识读：分别为什么基本体？

解答：

(1) 投影特点：图 4-20 中的投影都符合圆锥体的投影特点——"一圆，两三角形"。

(2) 结论：(a) 中心轴线垂直于 V 面，为正垂圆锥体；

(b) 中心轴线垂直于 W 面，为侧垂圆锥体；

(c)中心轴线垂直于H面,为铅垂圆锥体。

4.2.3 圆台体的投影

图4-21(a)为一圆台体,圆台体可以看成是由一圆锥用一个水平面截去一个圆锥而形成,由上、下两个圆底面和一个圆台曲面构成。

如同圆锥体一样,将圆台体放在三投影面体系中。上、下底面都为圆形水平面,轴线垂直于水平面。其投影如图4-21(b)所示。

上、下底面在H面上的投影为两个反映底面实形的同心圆,在V面和W面投影都积聚为"平"线。圆台曲面,仍然是圆锥曲面,只不过是不完整的圆锥曲面,它在H面投影为圆环形,与上、下底面投影重合,在V面的投影用圆台面上最左和最右两条素线的投影来表示,在W面的投影用圆台面上最前和最后两条素线的投影来表示。

从图4-21(b)可以看出,圆台的投影特征:当圆台的底面平行某一个投影面时,则圆台在该投影面上的投影反映上、下底面实形的两圆,另两面的投影为两个带中心轴线的全等等腰梯形。为便于记忆,将它归纳为"一两圆,两梯形"。

圆台体的投影图识读:根据圆台投影特点,凡符合"一两圆,两梯形"的投影所表示的基本体应为圆台,其中心轴线垂直于两圆所在的投影面。

【例4-9】 图4-22中有三个基本体的投影图,请识读:分别为什么基本体?

解答:

(1) 投影特点:图4-22中的投影都符合圆台的投影特点——"一两圆,两梯形"。

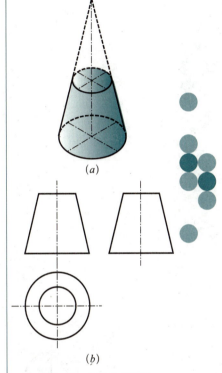

图4-21 圆台体的投影
(a) 圆台体;(b) 投影图

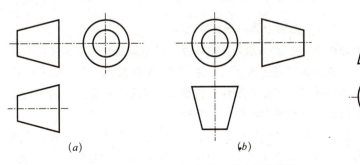

图4-22 圆台的投影图

(2) 结论：(a) 中心轴线垂直于 W 面，为侧垂圆台体；
(b) 中心轴线垂直于 V 面，为正垂圆台体；
(c) 中心轴线垂直于 H 面，为铅垂圆台体。

4.2.4 球体的投影

图 4-23 (a) 为一个球体，就是整个球面，将它放在三投影面体系中，如图 4-23 (b) 所示，其在三个投影面上的投影为三个圆，直径都等于球的直径。将投影图展开后形成球体的投影图，如图 4-23 (c) 所示。

从图 4-23 (c) 可以看出，圆的投影特征：三个投影都为三个大小相等的圆。但各圆所代表的球面轮廓圆线是不同的，平面图的圆代表的是平行于 H 面的最大轮廓圆线，立面图的圆代表的是平行于 V 面的最大轮廓线，侧面图的圆代表的是平行于 W 面的最大轮廓圆线。

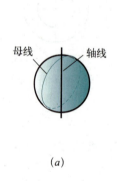
(a)

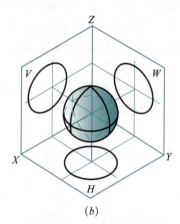
(b)

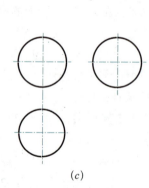
(c)

图 4-23 球体的投影
(a) 球体；(b) 投影直观图；(c) 投影图

4.2.5 曲面立体的表面取点

跟平面体相比，曲面体的特点是有空间曲面，其部分投影是用特殊素线的投影来表示，但曲面体投影的实质仍然是轮廓面和轮廓线的投影，因此轮廓线和轮廓面（平面或曲面）上的所有空间点都能在投影图中找到它的投影。

【例 4-10】 如图 4-24 (a) 所示，已知圆柱面上点 M 的正面投影 m'，试判断点 M 在哪个表面上，并求作点 M 的其余两个投影。

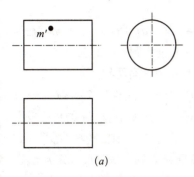
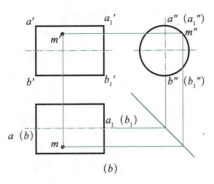

图 4-24 圆柱体外表面点的投影

作图步骤：

（1）M 点投影的识读：如图 4-24（a）所示，因为 m' 在矩形投影上，且可见，所以点 M 必在前半圆柱面的上边。

（2）求作点 M 的侧面投影 m''：因为圆柱面的投影具有积聚性，圆柱面上点的侧面投影一定重影在圆周上，所以过 m' 作水平线交侧面投影圆周线于一点，该点则为 m''。

（3）求作点 M 的水平投影 m：再根据 m'、m'' 和点的投影规律，即可求出 m。由于点 M 在圆柱的上面，故 m 也为可见。

直观图如图 4-25 所示。

【例 4-11】 如图 4-26（a）所示，已知圆锥体表面上点 M 的正面投影 m'，试判断点 M 在表面的哪个位置上，并求作点 M 的其余两个投影。

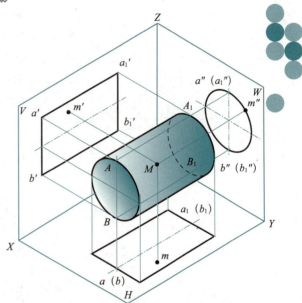

图 4-25 圆柱体表面点 M 投影的直观图

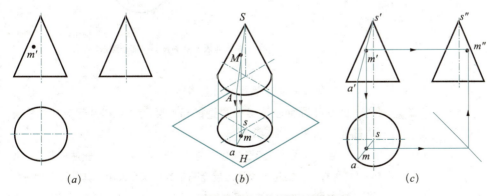

图 4-26 圆锥体表面点的投影（辅助线法）

作图步骤：

（1）判断 M 点的位置：如图 4-26（a）所示，因为 m' 在三角形投影上，且可见，所以点 M 必在前半圆锥面的左边。

（2）求作点 M 的其他投影：作图方法有两种：

1）辅助线法　如图 4-26（b）所示，过锥顶 S 和 M 作一直线 SA，与底面交于点 A。点 M 的各个投影必在此 SA 的相应投影上。在图 4-26（c）中过 m' 作 s'a'，然后求出其水平投影 sa。由于点 M 属于直线 SA，根据点在直线上的从属性质可知 m 必在 sa 上，求出水平投影 m，再根据 m、m'，即可求出 m"。

2）辅助圆法　如图 4-27（a）所示，过圆锥面上点 M 作一垂直于圆锥轴线的辅助圆，点 M 的各个投影必在此辅助圆的相应投影上。在图 4-27（b）中过 m' 作水平线 a'b'，此为辅助圆的正面投影积聚线。辅助圆的水平投影为一直径等于 a'b' 的圆，圆心为 s，由 m' 向下引垂线与此圆相交，且根据点 M 的可见性，即可求出 m。然后再由 m' 和 m 即可求出 m"。

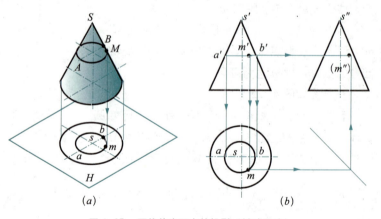

图 4-27　圆锥体表面点的投影（辅助圆法）

4.2.6　曲面体的尺寸标注

圆柱和圆锥应注出底圆直径和高度尺寸，圆台还应加注顶圆的直径，如图 4-28 所示。

注意：直径尺寸应在其数字前加注符号"ϕ"，一般注在非圆视图上（这种标注形式用一个视图就能确定其形状和大小，其他视图也可省略）。标注圆球的直径和半径时，应分别在"ϕ"前加注符号"S"。

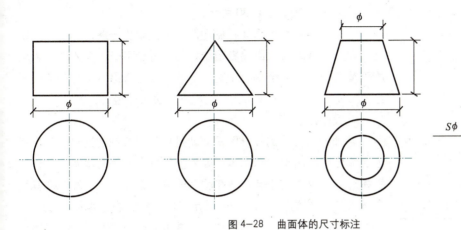

图 4-28 曲面体的尺寸标注

4.3 组合体的投影

组合体是由简单的基本几何形体组合而成，其组合方式有以下三种：

叠加型——是由几个基本几何体按一定位置关系叠加而成，如图 4-29（a）所示；

切割型——在基本几何体上切割去一些部分而成，如图 4-35 所示；

混合型——以叠加为主，在局部基本体上再经切割而成，如图 4-3 所示。

不同组合方式的组合体，其投影及投影图的绘制和识读都有不同的特点和方法。

4.3.1 叠加型组合体的投影

图 4-29（a）为一叠加型组合体：由板状四棱柱 1、四棱柱 2、三棱柱 3 和三棱柱 4 按一定的位置叠加组合而成。

投影图如图 4-29（b）所示，注意图中的不同线型组成的投影图是与图 4-29（a）中的各基本体对应的。不难看出，叠加型组合体的投影形成规律为：由组成组合体的各基本体的投影，按一定的位置关系和投影关系叠加而成。

1. 投影图绘制

确定形体的空间位置，V 面和 W 面的投影方向如图 4-29（a）

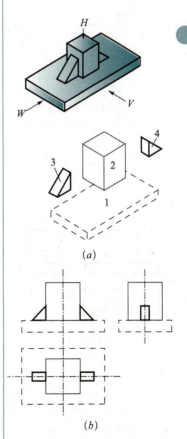

图 4-29 叠加组合体的投影
(a) 形体分析图；(b) 投影图

所示。绘图步骤如图 4-30 所示。

注意：绘制此类形体投影图时，一定要先分解形体再分步绘制，即一个基本体三面投影图绘好后，再绘下一个基本体，直至所有叠加的基本体全部绘制完。千万不能先将组合形体的立面图全部绘完，再画其他投影图，这样容易丢失图线。

2. 投影图识读

叠加型组合体的投影图识读就是投影图绘制的逆过程。即将组合体分解成简单的基本体，因为我们每个人都有基本几何体的立体形象，再将这些基本体在脑海里进行叠加，就不难想象其组合体的空间立体形状了。一般采用"形体分析法"读图。

形体分析法：形体分析法是以基本形体为读图单元，将组合体视图分解为若干简单的线框，然后判断各线框所表达的基本形体的形状，再根据各部分的相对位置综合想象出整体形状。

如图 4-31（a）所示，先识读有明显叠加特征的投影图（如立面图），将投影图分解为"1、2、3、4"四个线框；再根据"三对等"关系找到相应的其他投影，如图 4-31（b）所示：1 虚线部分为四棱柱板，2 细实线部分为四棱柱，3 和 4 粗实线部分为三棱柱。最后将所读出的基本体，按位置关系（水平位置看平面图，垂直位置看立面图和侧面图）叠放在一起，就得到空间叠加组合体的立体形状。

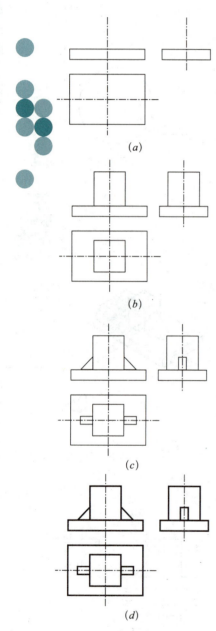

图 4-30 叠加形体的投影图的绘制步骤

(a) 绘制四棱柱 1 的投影图；
(b) 绘制四棱柱 2 的投影图；
(c) 绘制三棱柱 3、4 的投影图；
(d) 检查、加深投影

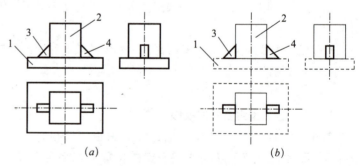

图 4-31 叠加形体的投影图识读

【例 4-12】 图 4-32（a）为一叠加形体两面投影图，试识读该组合体，并补出第三投影。

识读和绘制步骤：

(1) 找特征投影，即立面投影，将投影图分解为"1、2、3"三个部分，其中 1 为线框组，2 和 3 为线框。

(2) 根据叠加形体投影特点，每个线框或线框组都表示一个基本体，找出对应"1、2、3"基本体的其他投影，如图4-32(b)所示。

(3) 读出基本体形状：1——六棱柱板；2——圆柱，放在1的上方中央处；3——圆台，放在2的正上方。

读出基本体形状后，在自己的脑海里进行叠加，就不难想象这个组合体的立体形状。

(4) 根据投影关系，绘制第三投影，如图4-32(c)所示。

小技巧：识读图4-33的投影图，观察其不同的叠加位置，并且记住它们不同的投影特点，这对投影图识读有很大的帮助。

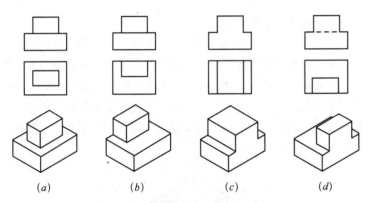

图4-33 不同投影对应的形体叠加方式
(a) 中央，前后面不平齐；(b) 靠后，后面平齐；
(c) 中央，前后面平齐；(d) 靠前，前面平齐

4.3.2 切割型组合体的投影

四棱台可以看成是一个四棱锥用一个水平切割平面切去一个小四棱锥而成，如图4-34(a)所示，切割平面与棱锥体外表面的交线组成一个四边形ABCD平面（这样的平面称为截断面），其投影如图4-34(b)所示，在四棱锥的投影图上，截去小四棱锥的投影（虚线部分），而留下四棱台的投影。截断面的投影为：水平投影为四边形abcd；立面投影为积聚直线$a'b'(d'c')$；W侧面投影为积聚直线$a''d''(b''c'')$。

可以看出，切割形体投影形成规律：在基本体投影上切去"切割部分形体"的投影，并留下截断面的投影。

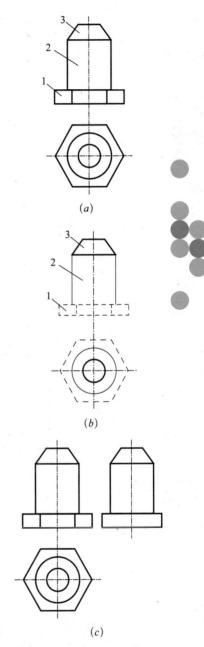

图4-32 叠加形体的投影图识读及绘制

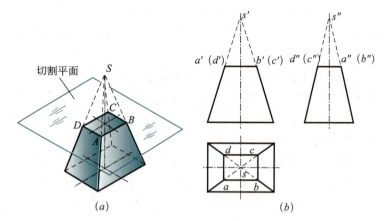

图 4-34 四棱台三面投影图形成

1. 投影图的绘制

图 4-35（a）为一挡土墙形体，像这样外表看起来为不规则的形体大都是切割形体，切割形体的投影图绘制和识读较难，所以一定要掌握其要领。首先要进行形体分析，然后再绘图。

形体分析：该形体是在一个四棱柱上切割而成的，有三个切割平面：正垂面 P、正平面 Q 和侧垂面 R，切割平面及切割过程如图 4-35 所示。

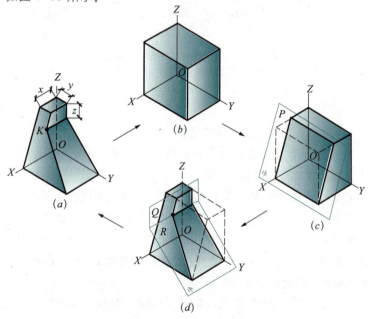

图 4-35 组合体的切割过程

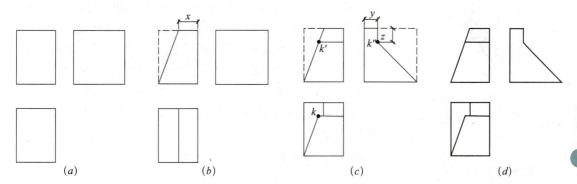

图 4-36 切割型组合体投影图作法

(a) 基本体（四棱柱）的投影；(b) P 平面切割，找截断面投影：先量出 x 作截断面正垂面在 V 面的投影（积聚为一条"斜"线）；再根据投影规律作它的其他投影——两个类似矩形；(c) Q、R 平面切割，找截断面投影：先量出 y，作 Q 截断面的 W 面投影（积聚为"平"线）；又量出 z 作 R 截断面的 W 面投影，交点为 k''；再根据 k'' 找到投影 k'、k，找到截交面的其他投影；(d) 整理、检查、加粗

绘图步骤，如图 4-36 所示。

绘制技巧：切割形体投影图绘制，首先要进行形体切割分析，先绘制原基本体的投影，然后依次切割，每切割一部分时，也应先从这一形体的特征投影绘起，再根据投影关系绘制其他投影。为避免错误，每切割一次后，要将被切去的图线擦去。

【例 4-13】 图 4-37 (a) 为一切割形体，绘制其三面投影图。

绘制步骤：

(1) 切割分析，此形体是在一个四棱柱上切割而成，其切割平面有两个：一个为铅垂面，另一个为正垂面。绘制四棱柱的三面投影，如图 4-37 (b) 所示；

(2) 绘制截断面"四边形 $ABCD$"（为正垂面）的三面投影图：在 V 面投影积聚为一条直线，在 H、W 面投影为面积缩小的四边形。根据立体图上的尺寸，先绘 V 面投影，再绘其他投影，如图 4-37 (c) 所示；

(3) 绘制截断面"三角形 BCE"（为铅垂面）的三面投影图：在 H 面积聚为一条直线，在 V、W 面投影为面积缩小的三角形。先找到 H、V 面投影，然后作出 W 面投影，如图 4-37 (d) 所示；

(4) 整理、检查、加粗，如图 4-37 (e) 所示。

2. 投影图识读

切割型组合体的投影图识读就是绘制的逆过程。与叠加形

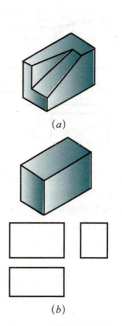

图 4-37 切割形体投影图绘制（一）
(a) 切割形体；(b) 四棱柱

体投影图不同，切割形体投影图的特点是：图框不规则，有缺损或牵套。识读时，首先与基本几何体的三视图相比较，初步判断该切割体是由何种基本体切割而成的，然后再按照"先边缘后内部，先大后小，先特殊后一般"的顺序，逐个分析每次切割部分的位置和形状，最后综合起来想象整体的形状。识读方法主要有"形体分析法"和"线面分析法"。当切去的部分为基本体时，采用形体分析法，如图4-38所示；当切去部分的形状不是基本体，则用线面分析法进行读图较好。

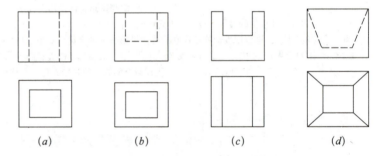

图4-38 简单切割形体投影图
(a) 四棱柱中间挖去一个小四棱柱，挖到底；(b) 四棱柱中间挖去一个小四棱柱，未挖到底；(c) 四棱柱上面挖去一个小四棱柱；(d) 四棱柱中间挖去一个小四棱台

线面分析法：线面分析法一般是以线面为读图单元，即将视图的线框分解为若干个面，根据投影规律逐一找其他投影，然后按平面的投影特征判断各面的形状和空间位置，从而综合得出该部分的空间形状。识读方法及步骤见【例4-14】。

【例4-14】 如图4-39(a)所示，为一组合形体的投影图，用线面分析法进行读图。

识读步骤：

(1) 根据图4-39(a)所示三视图的特点，可以看出，该组合体是由一个长方体被几个平面切割而成的，在正面投影中先把投影分成四个线框1′、2′、3′、4′。

(2) 根据投影对应关系，分别找出上述各线框表示的面的水平和侧面投影，从而明确所表示面在长方体上的位置。例如1为一正平面，其位置在长方体左上偏后；2为铅垂面，其位置在长方体的中间，从左上方向右前方铅垂切下；3为一侧垂面，其位

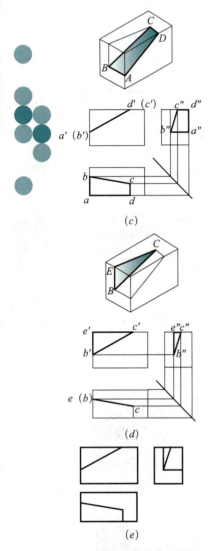

图4-37 切割形体投影图绘制(二)
(c) 截断面ABCD投影；
(d) 截断面BCE投影；
(e) 最终投影图

置在长方体的左边由向前下方切下；4 为长方体被切割后位于最前面平行于正面的六边形。

（3）综合上述分析，即可想象出该切割体是由长方体被三个平面截切而成的。形状如图 4-39（f）所示。在分析过程中，有时需要对水平投影或侧面投影中的封闭框进行分析，才能确切地想象出物体的形状。

小技巧：在识读切割形体时，可将形体切割分析与线面分析法结合使用，能达到快速读图的目的，如【例 4-15】。

【例 4-15】 如图 4-40（a）所示，为一形体的三面投影图，试识读该投影图，并补全 H 面投影图。

识读步骤：

（1）将 V 和 W 面上投影缺损部分补出，原基本体为一个四棱柱体，如图 4-40（b）所示；

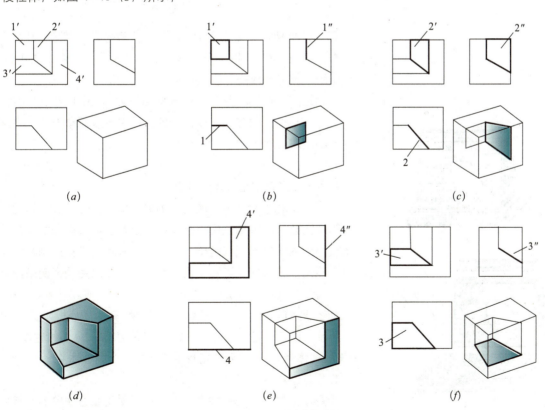

图 4-39 切割形体投影图补图
(a) 在 V 面投影中分线框；(b) 线框 1′ 为一正平面的投影；(c) 线框 2′ 为一铅垂面的投影；
(d) 物体最终形状；(e) 线框 4′ 为一正平面的投影；(f) 线框 3′ 为一侧垂面的投影

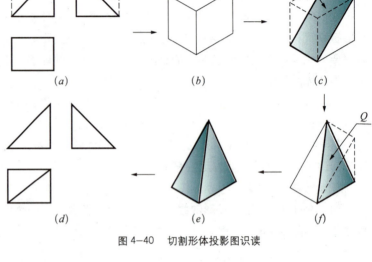

图 4-40 切割形体投影图识读

(2) 分析切割平面，有 P、Q 两个切割平面，其中，P 面为正垂面，切割如图 4-40（c）所示；Q 为侧垂面，切割如图 4-40（d）所示，最终形成的形体如图 4-40（e）所示；

(3) 根据最终立体形状，可补出 H 面投影，如图 4-40（f）所示。

注意：这个过程应该是在同学的头脑中分步想象形成，在脑海中多次放映可逐步增强空间想象力。

4.3.3 混合型组合体的投影

工程上的构筑物大都是较复杂的混合型组合体，其投影图绘制及识读比叠加型和切割型组合体难，但有了叠加型和切割型组合体投影图的绘制和识读基础，再掌握方法和诀窍，绘制和识读一般工程构筑物形体投影图是没问题的。下面以涵洞为例来分析其投影的绘制及识读方法。

如图 4-41（a）所示，为一涵洞口一字墙，其形体分析如图 4-41（b）所示，由三个基本体叠加（1- 四棱柱基础；2- 四棱柱墙身；3- 五棱柱体缘石），然后在墙身中间切去一个圆柱体 4。

1. 投影图绘制

投影图绘制，一般先按叠加形体投影图绘制方法绘制，然后在局部投影图上进行切割。

步骤如图 4-42 所示。

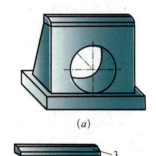

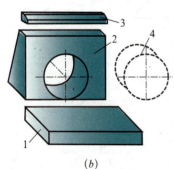

图 4-41 涵洞形体分析示意图
（a）涵洞立体图；（b）涵洞形体分析

2. 投影图识读

混合形体投影图识读也是绘图的反向思维过程，所以投影图绘制一定要按有章法，才对读图有帮助。读图的基本方法也是形体分析法，遇难点部分辅以线面分析法。

一般步骤为：先根据投影"粗读"一遍，看有哪些部分叠加构成；再分析各部分是基本体还是基本体的切割，读出其形状；最后将各部分叠加组成整体。原则为："先概略后细致，先外部后内部，先整体后局部"。

【例 4-16】 图 4-43 (a) 为一个涵洞口的三面投影图，识读该投影图。

识读步骤：

(1) 先粗读，将形体分为两个部分叠加，如图 4-41 (b) 所示，1 为四棱柱基础，2 为四棱柱切割形体。

(2) 识读切割形体 2：从 V 面投影可看出，在四棱柱左右各切去一个三棱柱，如图 4-43 (c) 所示；从 W 面投影可看出，在前面切去一个三棱柱，如图 4-43 (d) 所示；在 W 面投影中有一个带虚线三角形，在其他两个投影中可找到对应的矩形线框，可以判断在图 4-43 (d) 的基础上从中间切去一个三棱柱，如图 4-43 (e) 所示；根据 V 面圆形投影，找到其他投影为虚线矩形，说明后面切去一个圆柱体，如图 4-43 (f) 所示；切割形体 2 的立体如图 4-43 (g) 所示。

(3) 将 1 和 2 形体相叠加，如图 4-43 (h) 所示，就形成涵洞的整体形状了。

这个过程需要我们闭上眼睛，在头脑中放映多次，以增强空间想象力。

注意：图 4-44 中 (a)、(b)、(c)、(d)、(e) 四组投影图中，平面图都一样，但是其立面图不一样，仔细识读和区分其投影图，并记忆，这样有利于复杂组合体投影图的识读。

4.3.4 组合体尺寸标注与识读

组合体的视图只能表示其构造和形状，而表示形体大小的尺寸标注是不可或缺的。

1. 尺寸的种类

组合体是由基本几何体组合而成，那么组合体的尺寸必须

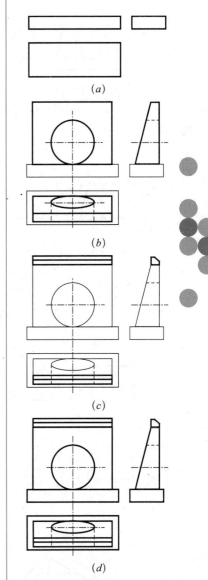

图 4-42 涵洞形体投影图绘制步骤
(a) 作四棱柱基础的投影；(b) 先作叠加四棱柱墙身的投影；再作中间切割圆柱体的投影，其中后圆面在 H 面的投影为一椭圆，它可根据 V、W 面投影找到四个特殊点的 H 面投影，然后用光滑曲线连成椭圆；(c) 作六棱柱缘石的投影；(d) 整理、检查、加粗

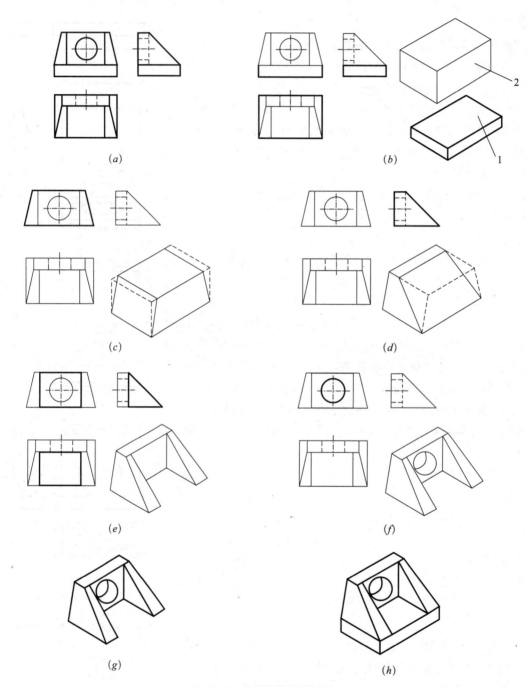

图 4-43 涵洞投影图识读方法图
(a) 涵洞三面投影图；(b) 由两个四棱柱基本体叠加；(c) 左右各切去一个三棱柱；(d) 前面切去一个三棱柱；
(e) 中间切去一个三棱柱；(f) 后面切去一个圆柱；(g) 切割形体2；(h) 叠加

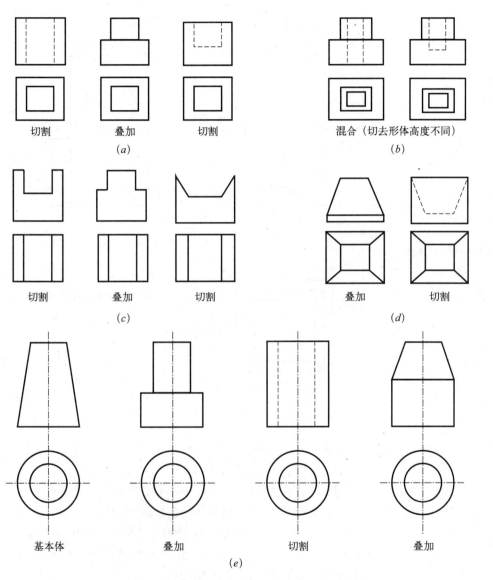

图 4-44 投影图识读区分

能够表达出这些基本几何体的大小及其他们之间的相对位置。图 4-45 所示为一个类似排水检查井外形轮廓形体的三面投影图及尺寸标注，从投影图中可以读出该形体由五个基本体叠加而成：四棱柱底板，四棱柱井身，四棱台井盖，圆柱进水管，圆柱出水管。下面，以该形体投影图为例进行尺寸标注种类的讲解及识读。

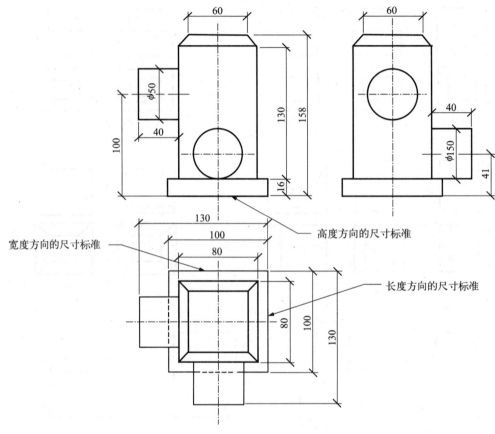

图 4-45 组合体投影图的尺寸标注

根据尺寸表达的内涵不同,尺寸标注可分为以下三种:

(1) 定形尺寸:组成组合体的各基本几何体的大小尺寸(长、宽、高)。图 4-45 平面图中的 100、100 和立面图中的 16,是底板长、宽、高的尺寸,单位都为"mm";还有井身的定形尺寸为长 80mm、宽 80 mm、高 130 mm;其他基本体的定形尺寸见图。

(2) 定位尺寸:确定各基本几何体之间相对位置的尺寸。如图 4-45 立面图和侧面图中的 100、41 是指两根圆柱体管的中轴线的定位尺寸。

(3) 总体尺寸:表示组合体总长、总宽、总高的尺寸。如:平面图中的 130、130 和正面图中的 158,表示整个形体外形的总长、总宽和总高,单位为"mm"。

在图中以上三种尺寸必须完整清晰,否则无法施工和制作。

2. 尺寸的基准

标注尺寸的起点称为尺寸基准。

组合体中每一基本体长、宽、高三个方向的尺寸都要有尺寸基准，每一个方向至少有一个基准。一般选组合体的对称平面、底面、端面、回转体的轴线作为基准。长度方向一般可选择左侧面或右侧面为起点，宽度方向可选择前侧面或后侧面为起点，高度方向一般以底面或顶面为起点。图 4-45 中所示长度、宽度、高度的尺寸基准，本形体平面图也可用中心对称线作长度和宽度的尺寸基准。

3. 尺寸的标注的基本要求

标注尺寸的基本要求是：正确、完整、清晰、合理。

（1）正确：是指尺寸注法要符合制图标准的规定。

（2）完整：是指所注尺寸能够完全确定物体的大小及各组成部分的相对位置，即定形尺寸（确定各基本形体大小的尺寸）、定位尺寸（确定各基本形体之间相对位置的尺寸）、总体尺寸（确定物体总长、总宽、总高的尺寸）要注齐全。同时要避免尺寸重复标注，同一处的尺寸在视图上只能标注一次。

（3）清晰：是指所注尺寸整体排列要整齐，便于读图。为此，尺寸在视图上的布置应注意以下两点：

位置要明显：表示同一部分的尺寸应尽量集中在 1 个或 2 个视图上，且尽量标注在反映形状特征的视图上，但要避免在虚线或其延长线上标注尺寸；

排列要整齐：尺寸尽量放在视图之外，与两视图有关的尺寸最好注在两视图之间，在同一方向的尺寸排在一条线上，不要错开。尺寸线与尺寸界线应尽可能避免相交，为此同一方向上的尺寸应将小尺寸排列在里面，大尺寸排列在外面。

（4）合理：是指所注尺寸既能满足设计要求，又方便施工。而要符合设计施工要求，则要具备一定的设计和施工知识后才能逐步做到。

4. 尺寸的标注与识读

组合体尺寸标注与识读都要在对组合体进行形体分析的基础上进行，不同的组合方式，其尺寸标注与识读方法也不一样。图 4-45 就是一叠加型组合体的尺寸标注，尺寸识读前，先要进行形体叠加分析，读懂由哪些基本体组成，然后去读每个基本体的定形尺寸，还有叠加定位尺寸和总体尺寸，在此不再赘述。

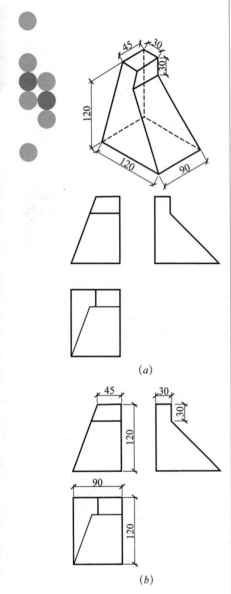

图 4-46 切割形体尺寸标注

对切割形体,首先要分析该切割体原体是什么,如何切割的,然后再依次标注原形体的尺寸和切割平面的位置尺寸。切割平面与切割平面的交线不标注尺寸,因为切割平面位置一旦确定,其交线自然形成。

【例 4-17】 图 4-46(a)为切割形体的立体图和投影图,试标注该形体尺寸。

步骤:

(1)形体分析:该形体是在四棱柱基本体上切割而成的,切割过程如图 4-35 所示;

(2)标注四棱柱的尺寸:在水平投影上标注长"90"、宽"120",在正面和侧面投影之间标注高"120";

(3)标注切割平面的位置尺寸:P 切割面"45"、Q 切割面"30"和 R 切割面"30",分别标注在特征明显的缺口部位,如图 4-46(b)所示。

【例 4-18】 图 4-47 为一混合形体的三面投影图,请识读该形体尺寸。

步骤:

(1)形体分析:根据投影图可知,该组合体从下往上看,由四棱柱基础、四棱柱墙身(底面平行于侧面)和五棱柱缘石(底面平行于侧面)三个基本体叠加,然后在中间墙身切去一个圆柱体。立体形状如图 4-41 所示。

(2)识读总体尺寸:总长 340mm,总宽 128mm,总高 296mm。

(3)识读叠加基本体定形尺寸和定位尺寸:

四棱柱基础:为长方体,长 340mm、宽 128mm、高 45mm,为基本定位形体。

四棱柱墙身:底面形状尺寸,三条直角边长度为 90mm、225mm、30mm,高度为 290mm;左右位置在四棱柱基础中央上方,前后位置定位尺寸有 15mm;

五棱柱缘石:底面形状尺寸,四条直角边长度分别为 30mm、11mm、15mm 和 26mm,高为 290mm;位置前后、左右对齐放在四棱柱墙身顶面上;

被截切的圆柱体孔洞:直径为 160mm,高为 90mm,定位尺寸为 80mm。

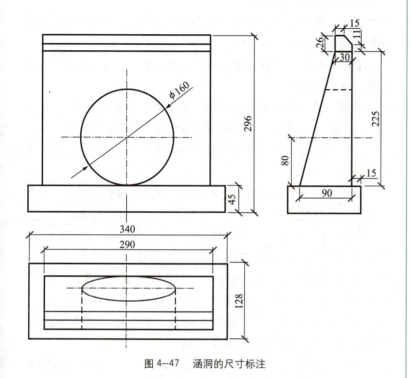

图 4-47 涵洞的尺寸标注

4.4* 截切体和相贯体的投影

如图 4-48 所示，立体被平面截切后的形体称为截切体，截切的平面称为截平面，截切后在立体上得到的平面图形称为截断面，截断面由封闭的线框组成，此线框称为截交线。截交线就是截平面与形体表面的交线，截切体投影绘制实质就是截交线的投影绘制。

截切体的投影与前面的切割型组合体的投影有共同之处，所以不再赘述。在此，主要讲述截切体上截交线投影的求作方法，这对我们提高切割型组合体的识读能力大有帮助。

4.4.1 截切平面体的投影

平面体的表面是由一些平面形所围成。平面体被一平面截割后形成的截交线，为截平面上一条封闭折线，折线的每一线段为形体的棱面与截平面的交线，转折点为平面体的棱线与截平面的交点。因此，求作平面体截交线的方法，可先求出各棱线与截平

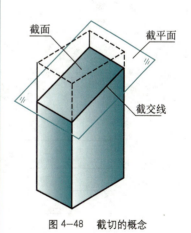

图 4-48 截切的概念

面的交点，再依次连接各点，即为平面与平面体的截交线。下面举例说明平面与棱柱体和棱锥体的截交线作法。

【例4-19】 已知一棱柱体的三面投影，求立体被正垂面切割后截交线的投影。

作图：棱柱体被正垂面截切，截切面与棱柱体各棱相交点分别为 A、B、C、D、E、F，如图4-49（a）所示立体图。

（1）求出截平面与棱柱上若干条棱线交点的投影，如图4-49（b）所示。

V面：由于棱柱体被正垂面截切，故正垂面在 V 面上积聚为一条线，相交各点 a'、b'、c'、d'、e'、f' 可直接求得。

H面：a、b、c、d、e、f 各点均可见，在原俯视图的基础上，对应 V 面各点的投影位置可求得 a、b、c、d、e、f 各点。

W面：A、B、C、D、E、F 各点在侧视图上的投影 a''、b''、c''、d''、e''、f''，可根据 V 面和 H 面的对应关系确定。

（2）依次连线各点。分别在 V 面、W 面和 H 面连接各点，即可画出正垂面切割后截交线的投影。

（3）判断可见性。A、B、C、D、E、F 各点在 W 面和 H 面均可见，在 V 面 b'、c'、f' 不可见。

【例4-20】 如图4-50所示，已知正三棱锥 $SABC$ 和水平面 P、正垂面 Q，求作此三棱锥被 P、Q 两平面截割后的三面投影图。

作图步骤：详如图4-51截切三棱锥的投影。

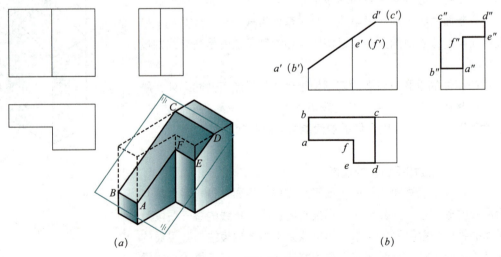

图4-49 棱柱截切的投影

（1）确定截平面与棱锥上相交各棱、面的交点。P 截面与 S—A、S—B 棱的交点是 1、2，与前后棱锥面的交点是 6、7；Q 截面与 S—A、S—B 棱的交点是 4、5，与前后棱锥面的交点也是 6、7。

（2）作出三棱锥的三视图，分别在 V、H、W 面依次连线各点。

（3）从 H 面很容易判断各点可见性，3 点是作图的辅助点。

（4）擦除作图辅助线，整理、加粗轮廓线。

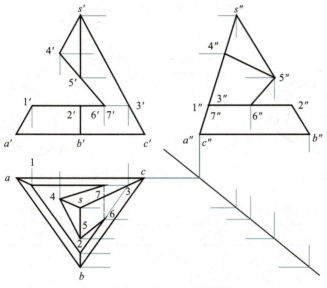

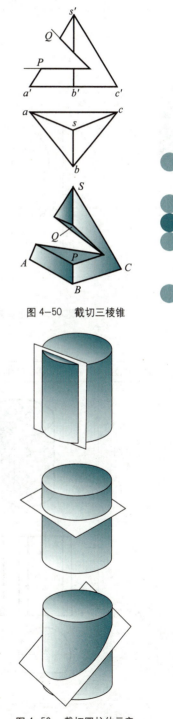

图 4-50 截切三棱锥

图 4-51 截切三棱锥的投影

4.4.2 截切曲面体的投影

用平面截切曲面体，形成的截交线通常是封闭的平面曲线，或是由曲线和直线所围成的平面图形或多边形。曲面体的截交线实际上是曲面体表面和截平面的共有线。

1. 截切圆柱体的投影

平面截切圆柱体，根据截平面与圆柱体轴线的相对位置的不同，如图 4-52 所示，圆柱体的截交线会形成三种线形，即矩形、圆、椭圆，见表 4-1。

从表 4-1 中可以看出，对于截切面平行于圆柱轴和垂直于圆柱轴的两种情况，很容易得到矩形和圆的截交线，故不再述及。对于第三种形成的椭圆，通过下面的例题说明。

【例 4-21】 如图 4-53 所示，已知圆柱被倾斜与圆柱轴的正垂面切割，求截交线的投影。

图 4-52 截切圆柱体示意

作图步骤:

(1) 分析。截平面为正垂面,截交线的侧面投影为圆,水平投影为椭圆。

(2) 求出截交线上的特殊点Ⅰ、Ⅳ、Ⅴ、Ⅷ;即截交线本身固定有的特殊点(如椭圆长、短轴的端点),如图4-54所示。

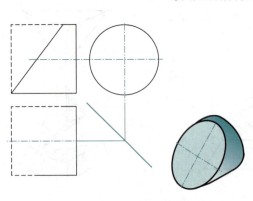

图4-53 正垂面斜切圆柱体

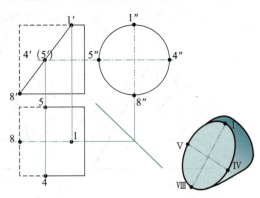

图4-54 求截交线的特殊点

圆柱体的截交线 表4-1

截平面位置	平行于柱轴	垂直于柱轴	倾斜于柱轴
立体图			
投影图			
截得的交线	矩形	圆	椭圆

(3) 求出若干个一般点Ⅱ、Ⅲ、Ⅵ、Ⅶ，如图 4-55 所示。

(4) 光滑且顺次地连接各点，便可作出截交线，并且判别可见性，如图 4-56 所示。

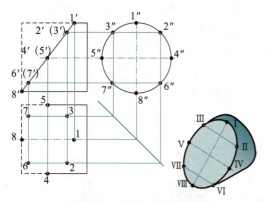

图 4-55　求截交线的一般点

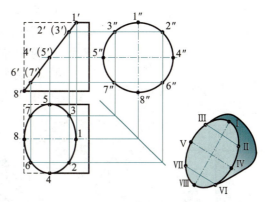

图 4-56　光滑连接截交线各点

(5) 整理轮廓线。擦除作图辅助线，整理、加粗轮廓线。

需要说明的是，当截切面与圆柱体轴线倾斜时，截交线一定是椭圆，但当倾斜的夹角 φ 值不同时，其截交线水平面的投影会有三种情况：如图 4-57 所示。

(1) 当 $\varphi < 45°$ 截交线椭圆的长轴投影后仍为长轴，水平面投影为椭圆；

(2) 当 $\varphi > 45°$ 截交线椭圆的长轴投影后变成短轴，水平面投影仍是椭圆；

(3) 当 $\varphi = 45°$ 截交线椭圆的长轴投影后与短轴相等，水平面投影成为圆。

2. 截切圆锥体的投影

平面截切圆锥体所得截交线的投影形状，取决于截切面与投影面的相对位置，或者说取决于截切面与圆锥体锥轴的相对位置。图 4-58 展示了截切面切割圆锥的五种情况。

根据截平面（截切面）与圆锥的相对位置不同，其截交线有三角形、圆、椭圆、抛物线和双曲线，详见表 4-2。

从图 4-58 和表 4-2 可以看出，截交线有三角形、圆、椭圆、抛物线和双曲线。下面就这五种情况的形成，进一步说明。

(1) 截切面是通过圆锥体锥顶，倾斜于锥轴的正垂面。锥体上形成的截交线是三角形，在 H 面的投影也是三角形，但两个三

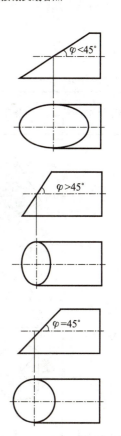

图 4-57　φ 角不同时的三种情况

角形不完全相同。

(2) 截切面垂直于锥轴的水平面。锥体上形成的截交线是圆，在 H 面的投影也是圆，而且截交线的圆和 H 面投影的圆完全相同。

(3) 截切面是倾斜于锥轴的正垂面，并且与所有素线（锥体轮廓线）相交。锥体上形成的截交线是椭圆，在 H 面的投影也是椭圆，但两个椭圆不完全相同。

(4) 截切面是倾斜于锥轴的正垂面，并且平行于一条素线（锥体轮廓线），从 V 面的投影可以看出截切面平行于一条轮廓线。

图 4-58　截切圆锥的五种情况

截切圆锥体所得截交线的五种形状　　　　　　　　　　　表 4-2

截平面位置	过锥顶	垂直于锥轴	倾斜于锥轴，并与所有素线相交	平行于一条素线	平行于两条素线
立体图					
投影图					
截得的交线	三角形	圆	椭圆	抛物线	双曲线

锥体上形成的截交线是抛物线，在 H 面的投影也是抛物线，但两个抛物线不完全相同。

(5) 截切面是平行于锥轴的铅垂面，并且平行于两条素线（锥体轮廓线）。锥体上形成的截交线是双曲线，在 V 面的投影也是抛物线，两个抛物线完全相同。在 H 面的投影积聚为一条线。

4.4.3 相贯体的投影

两立体相交连接（亦称相贯），在立体的表面即产生交线，称为相贯线。相贯线可以是直线或曲线，相贯线的转折点，称为贯穿点。

相贯线是两立体表面的共有线，相贯线上的点是两立体表面的共有点；不同的立体以及不同的相贯位置，相贯线的形状也不同。

图 4-59 所示为一个圆柱和一个四棱台相贯，在其表明就形成四段空间曲线连成的相贯线，这是一条封闭的空间曲线。圆柱和四棱台相贯的三视图如图 4-60 所示。

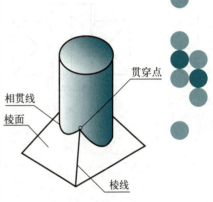

图 4-59　圆柱和四棱台相贯

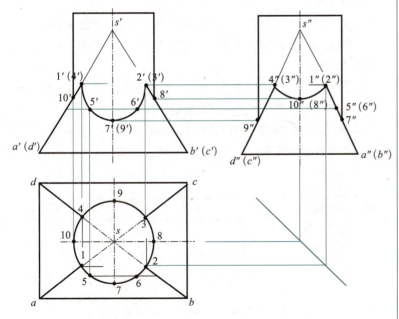

图 4-60　圆柱和四棱台相贯的投影

(1) 两个平面立体相贯，其相贯线的形状为空间折线多边形，如图 4-61 所示。

（2）平面体与曲面体相贯，其相贯线一般是由若干段平面曲线或由平面曲线和直线所组成的空间封闭线，如图 4-62 所示。

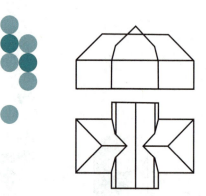

图 4-61　平面立体相贯投影

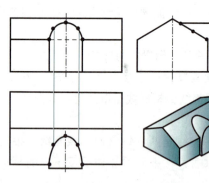

图 4-62　平面体与曲面体相贯投影

【例 4-22】　如图 4-63 所示，已知一个五棱体和一个洞门相贯，求其相贯线投影。

作图步骤：

第一步，初步画出相贯体轮廓线的三视图，如图 4-64 所示。

第二步，找出相贯线的三个特殊点，并进行三视图投影，如图 4-65 所示。

第三步，补充两个一般点，并进行三视图投影，如图 4-66 所示。

第四步，将五个点连成光滑曲线，如图 4-67 所示。

第五步，整理图面，去掉辅助线，加深轮廓线，如图 4-68 所示。

求作相贯线投影的实质就是求立体之间共有点的投影。

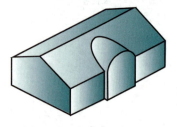

图 4-63　五棱体和洞门相贯体

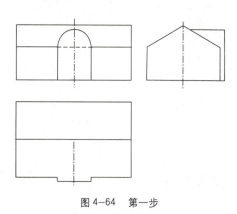

图 4-64　第一步

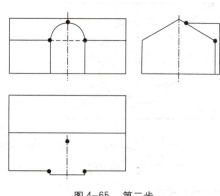

图 4-65　第二步

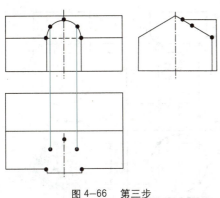

图 4-66 第三步

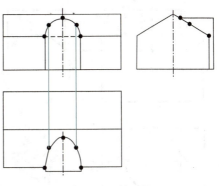

图 4-67 第四步

(3) 曲面体与曲面体相贯,两曲面体的相贯线,在一般情形下是封闭的空间曲线,特殊情形下可能是平面曲线或直线,如图 4-69 所示。

【例 4-23】 如图 4-70 所示,已知两个圆柱体相贯,求其相贯线投影。

作图步骤:

第一步,分析:小圆柱轴线为铅垂线,柱面的水平投影积聚为圆,相贯线的水平投影在此小圆上。大圆柱的轴线为正平线,柱面的侧面投影也积聚为大圆,相贯线的侧面投影在此大圆上。相贯线的水平投影和侧面投影已知,V 面相贯线的投影可利用表面取点法求共有点,如图 4-71 所示。

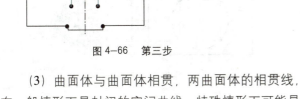

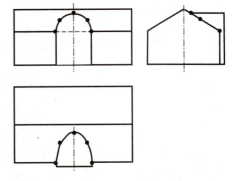

图 4-68 第五步

图 4-70 圆柱体相贯

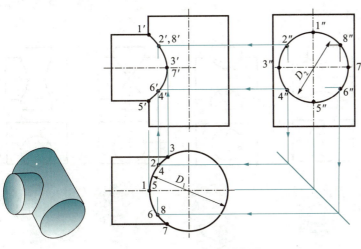

图 4-69 两圆柱体相贯及其投影

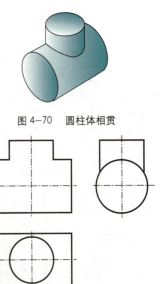

图 4-71 第一步

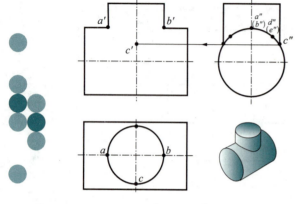
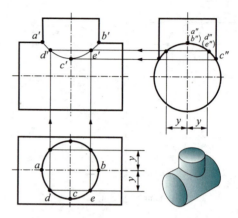

图 4-72　第二步　　　　　　　　　图 4-73　第三步

第二步，求出相贯线上的特殊点 A、B、C，并按照点的投影规律求出三面投影的点位，如图 4-72 所示。

第三步，求出若干个一般点 D、E，同样进行三面投影确定点位，并光滑连接各点，作出相贯线的 V 面投影，如图 4-73 所示。

道路桥梁过程结构中，曲面体相贯的情况并不多见，偶有出现，多采用剖面或断面图来表达。因此，对于其他曲面体的相贯情况不再叙述。下面仅列出两个圆柱体相贯的不同情况，供同学们参考学习。

（1）两圆柱体相贯，并且两圆柱体轴线垂直相交时的投影，如图 4-74 所示。

（2）两圆柱体相贯，而两圆柱体轴线垂直交叉时的投影，如图 4-75 所示。

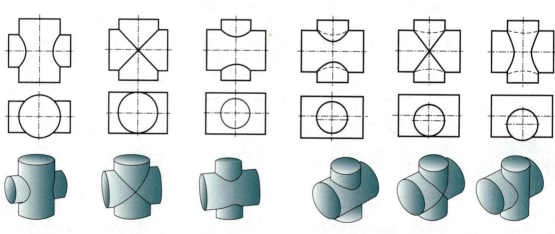

图 4-74　两圆柱体相贯（一）　　　　　　图 4-75　两圆柱体相贯（二）

训练活动 1　　　　基本体投影图识读

一、活动目的

本项活动设计了 14 个基本体（图 4-76）的三面投影图，将其同名投影图放在一起，通过识读，找出其对应的三个投影图，然后拼图组合，进一步加强基本几何体投影图的识读能力。

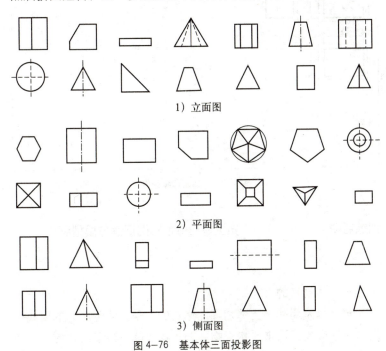

1) 立面图

2) 平面图

3) 侧面图

图 4-76　基本体三面投影图

二、步骤及方法

1. 编号

将 14 个立面图依次编号为 a'、b'、…、m'、n'，标注在下方。

2. 识读

按编号顺序找到与立面图对应的平面图和侧面图，并在其下方标注上相应的编号。如对应 a' 的平面图为 a、侧面图为 a''。

3. 拼图

将字母编号相同的立面图、平面图和侧面图剪下，按投影关系贴在 A4 纸上，并将基本体名称写在侧面图下方，如图 4-77 所示。

4. 尺寸标注

对基本体投影图进行尺寸标注，尺寸从图上量取，且取整数，如图 4-77 所示。

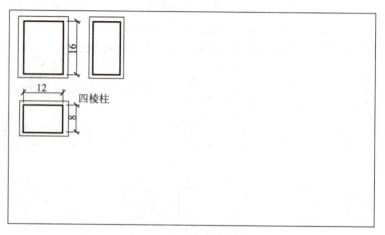

图 4-77 基本体投影图

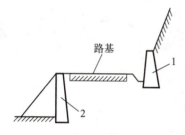

图 4-77 公路两侧的挡土墙应用

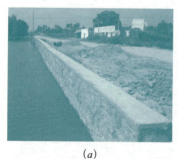
(a)

(b)

图 4-78 挡土墙图片
（a）石砌挡土墙；
（b）钢筋混凝土挡土墙

训练活动 2　　挡土墙形体投影图识读与模型制作

一、活动目的

挡土墙是为防止土体坍塌而修筑的承受土体侧压力的墙式构筑物，是市政工程重要构筑物之一。挡土墙有很多工程应用，如图 4-77 为一公路两侧的挡土墙，其中 1 是防止山坡土体坍塌的挡土墙，2 是防止路基填土坍塌的挡土墙。挡土墙的材料很多，如有石砌、混凝土、钢筋混凝土等，如图 4-78 所示。如挡土墙的材料是混凝土的，那么，施工时必须先根据图纸做出模板，将模板拼装成型，再浇筑。

所以，本项活动以挡土墙为载体，已知某挡土墙形体的三面投影图（图 4-79），用硬纸张代替模板，来做该形体的模型。通过分组形式对某挡土墙形体投影图识读与模型制作，加强学生对切割型组合形体投影图识读能力，锻炼学生的手工制作能力，以及培养学生的耐心细致和团队合作的工作态度。

二、材料和工具

A4 硬纸张、绘图工具（三角板、铅笔、橡皮等）、剪刀、美工胶带纸。

三、步骤及方法

1. 识读投影图

（1）形体识读

根据形体投影图 4-79 可知，该形体为切割型组合形体，是在一个四棱柱体上用三个平面切割而成，切割过程如图 4-80 所示。

（2）形体外表面及直线识读

该挡土墙形体共有 7 个外表面组成（图 4-81），根据例子填写表 4-3。

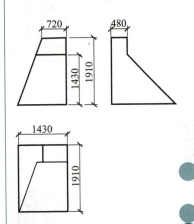

图 4-79 挡土墙形体的三视图

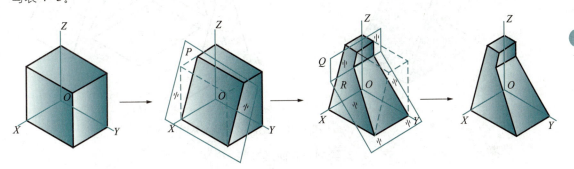

图 4-80 形体切割过程示意图

形体外表面及直线识读　　　　　　　　　　　　　　表 4-3

平面或直线	空间位置名称	反映实形或实长的投影
上表面	水平面	H 面投影
下表面		
左侧面		
右侧面		
前面 1		
前面 2		
后立面		
AB 直线	正平线	V 面投影
CD 直线		
EF 直线		
CF 直线		

(3) 尺寸识读

1) 请思考：图 4-81（a）中的∠B、∠D 为什么是直角？

2) 从图 4-79 中直接读出线段尺寸，按比例 1∶10 换算成"图上距离"，标注在图 4-81（b）中；

3) 请思考：直线 AB、CD、CF、EF 不能从投影图中直接读出，应如何求？

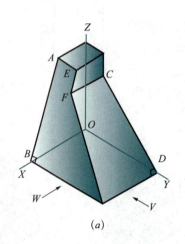

(a)

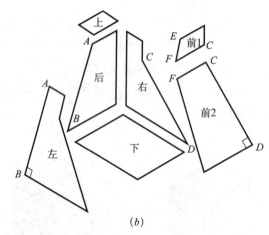

(b)

图 4-81　形体及外表面分解图

2. 绘制外表面展开图

根据"图上距离"，在硬纸板上绘制挡土墙 7 个外表面的展开图，并在正反两面都注写上相应名称，如图 4-82（a）所示。

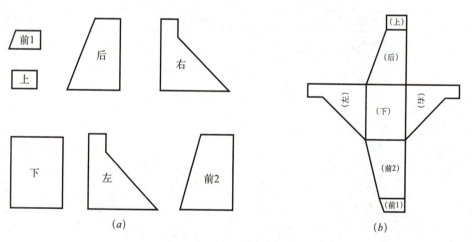

(a)　　　　　　　　　　　　　　　(b)

图 4-82　形体外表面展开图

3. 制作模型

（1）检查外表面展开图，无误后剪下；

（2）将7个图片按图4-82（b）进行拼装，边拼边用胶带纸帖牢；

（3）以下底面不动，将各侧面竖起，用胶带粘牢，做成立体模型。

训练活动3　　　　U形桥台投影图识读及模型制作

一、活动目的

本项活动中，已知某重力式桥台的三面投影图（图4-83），对投影进行识读，读出该桥台由哪些形体组合而成，然后按比例绘制该投影图，并用不同颜色表示不同的形体。

所以，本项活动以工程构筑物桥台为载体，通过对该桥台投影图的识读、绘制和模型制作，提高学生对复杂组合形体投影图的识读和绘图能力，并培养学生耐心细致的工作态度。

二、步骤及方法

1. 识读投影图：

对图4-83进行识读，为混合型组合体，首先进行形体分析，由哪些基本体叠加，然后在哪些基本体上有切割（图4-84）。找到基础的投影图，用红色描出；找到两个翼墙的投影，用绿色描出；找到前墙的投影，用蓝色描出；找到台帽的投影，用黄色描出。

2. 绘制U形桥台的三面投影图（比例：1∶50）

（1）进行图幅布置；

（2）按比例和顺序，先绘制基础，再绘制翼墙、前墙、台帽的投影图；

（3）用相应的颜色描绘。

3. 制作模型：

学生自己动脑筋、想办法，用硬纸张采用合适的比例制作该桥台的模型。

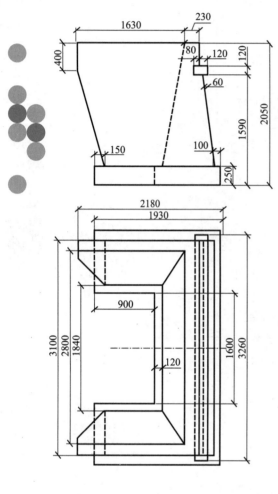
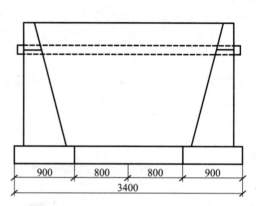

图 4-83　桥台的三视图

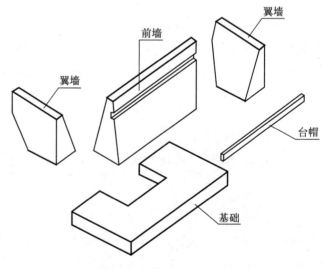

图 4-84　桥台的形体分析图
（注：台身可看做是前墙与两个翼墙的相贯体）

训练活动 4　　　　截交线的绘制

一、活动目的

已知某曲面截切体的两面投影，如图 4—85 所示（注：细线为原形体被截切部分的投影）。通过师生共同学习、探讨正确绘制截交线的方法，以及完成该图例立体的三面投影图，学生熟练掌握立体的三面投影的作图方法、要求与步骤。

二、步骤及方法

1. 分析截交线的形状

首先识读原组合形体的立体形状，由哪几部分叠加而成；然后识读截切平面的位置；再根据所给的两视图，分析形体水平投影截交线的形状。

2. 绘图（要求：选用 A3 幅面的图纸，横放，比例 1∶1，图名：截交线）

（1）打底稿：先合理布置三个视图的位置，注意各视图之间要留出标注尺寸的地方；然后用细线画原完整立体的三面投影图。

（2）求截交线：按照分析的截交线的形状，先求特殊点，再求一般点，最后光滑连接，一段一段地求出截交线。注意每两个特殊点之间至少要求出两个一般点，而且作图要准确。

（3）检查：检查底稿，修正错误，保留求点的作图线，整理图面。

（4）描深：按规定的线形描深图线。

（5）尺寸标注：标注所有尺寸，填写标题栏。

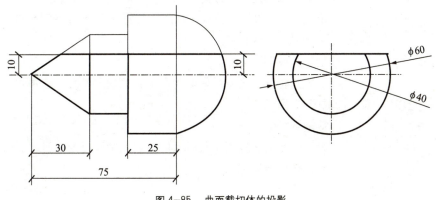

图 4—85　曲面截切体的投影

单元 5　轴测投影

> **学习重点**
>
> 1. 了解轴测投影的概念以及形成原理；
> 2. 了解轴测投影的分类和应用；
> 3. 掌握正等轴测投影的基本画法；
> 4. 掌握斜轴测投影的基本画法；
> 5. 掌握椭圆的几种基本的轴测投影的画法。

5.1　轴测投影的基本知识

5.1.1　轴测投影的形成

轴测投影图简称轴测图，将物体确定其空间位置的三面坐标轴，沿不平行于任一坐标平面的方向，用平行投影法将其投射在单一投影面上所得到的投影图称为轴测投影（轴测图）。与前面介绍过的三面投影图相比，轴测图的立体感较强，便于识读。但是它也有不足的地方，即对形体的形状表达不完全，也不便于标注尺寸，绘制起来比较麻烦，经常作为工程图的辅助图样。在工程图中，我们常常看到的立体图往往用轴测投影的形式出现。

如图 5-1 所示，在轴测图中，承受轴测投影的平面简称轴测投影图，用代号 P 表示，OX'、OY'、OZ' 分别是空间直角坐标轴 OX、OY、OZ 的轴测投影，称为轴测轴。在 P 面上，相邻轴测轴之间的夹角，称为轴间角。

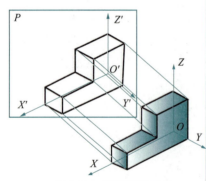

图 5-1　轴测投影的形成

5.1.2　轴测投影的分类

根据投射方向 S 是否垂直于轴测投影面 P（图 5-2 和图 5-3），轴测投影可分为两类：

1. 正轴测投影

投射方向垂直于轴测投影面时所得到的轴测投影叫正轴测投影，如图 5-2 所示。

2. 斜轴测投影

投射方向倾斜于轴测投影面时所得到的轴测投影叫斜轴测投影，如图 5-3 所示。

土木工程识图（道路桥梁类）

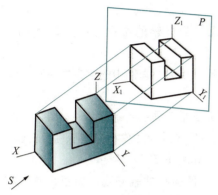

图 5-2 正轴测投影

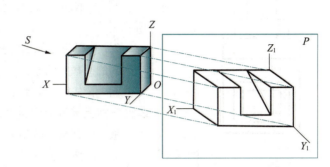

图 5-3 斜轴测投影

5.2 轴测图的画法

5.2.1 正等轴测图

1. 正等轴测图的轴间角及轴向变形系数。

（1）正等轴测图的三条坐标轴与轴测投影面的三个夹角均相等，正等测的相邻轴线的轴间角为120°，在绘制正等轴测图的时候，应先定出轴线，如图5-4所示。

（2）由于各轴与投影面倾斜，形体上的长、宽、高三个方向出现一定的缩短，伸缩系数通过计算为0.82，即$p_1=q_1=r_1=0.82$，但是为了作图方便，常采用简化变形系数，取$p_1=q_1=r_1=1$，这样便可按实际尺寸画图，但画出的图形比原轴测投影大些。

（3）形体上的平行线，在正等轴测图上仍然平行。

2. 正等轴测图的画法

正等轴测图的画法常用的有三种：叠加法、切割法、坐标法。

（1）叠加法

叠加法常用于由多个不同简单形体组合而成的形体，它是指将叠加型的组合体，用形体分析的方法，分成若干个基本体，依次按照其对应的位置逐个的绘制出轴测图，最后得到整个组合体的轴测图。

【例5-1】 已知某组合体的两面投影图如图5-5（a）所示，求作它的正等轴测图。

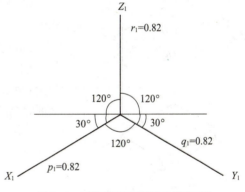

图 5-4 正等轴测图轴间角和轴向系数

93

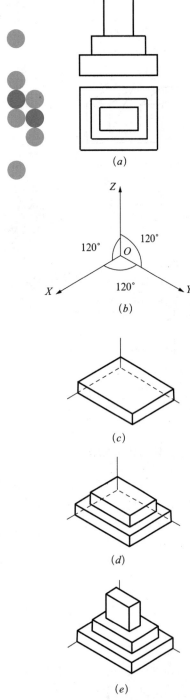

图 5-5 作正等轴测图例题

作法:

1) 在图中先定出原点和坐标轴的位置,如图 5-5(b) 所示;

2) 分析组合体由哪些形体组成,本例中的组合体由三个大小不同的四棱柱组成;

3) 依次先从下到上,先画最下面的大的四棱柱,在 X、Y、Z 轴分别上量取大四棱柱的长度尺寸,并作相应坐标轴平行线,得到最大的四棱柱的轴测图,如图 5-5(c) 所示;

4) 同样的方法作第二个四棱柱的轴测图,如图 5-5(d) 所示;

5) 再用同样的方法作最上面的四棱柱的正轴测图,如图 5-5(e) 所示;

6) 加深轮廓线,去掉不可见线,得到最后的组合体的正轴测图。

(2) 切割法

切割法是将切割型的组合体,看做一个简单的基本几何体,作出它的轴测图,然后将多余的部分逐步地切割,最后得到组合体的轴测图。

【例 5-2】 已知某组合体的两面投影图,如图 5-6(a) 所示,求作它的正等轴测图。

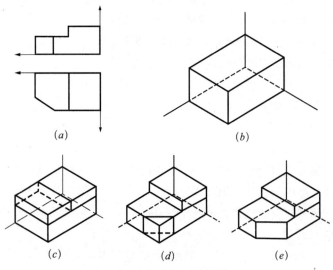

图 5-6 切割法作正轴测投影图

作法:

1)在图中先定出原点和坐标轴的位置,如图5-6(b)所示;

2)分析本例中的组合体,把它可以看做是一个最基本的四棱柱,作出这个四棱柱的轴测投影,如图5-6(b)所示;

3)先在这个四棱柱里面切割一个小的四棱柱,得到的形体如图5-6(c)所示;

4)再在这个基础上切割掉一个小的三棱柱,如图5-7(d)所示,得到最后的组合体的轴测投影,加深轮廓线,去掉不可见线,得到最后的组合体的正轴测图,如图5-7(e)所示。

(3)坐标法

坐标法是根据立体表面上各顶点的坐标,分别画出各个点的轴测投影,然后依次连接得到整个立体表面的轮廓线。

【例5-3】 已知某三棱柱的三面投影图,如图5-7(a)所示,求作它的正等轴测图。

作法:

1)在图中先定出原点和坐标轴的位置,如图5-7(b)所示;

2)按照点S、A、B、C的坐标分别画出这四个点的轴测投影,如图5-7(b)所示;

3)连接各点的线并确定所在的面,最后进行轮廓的加深,得到物体的轴测投影图,如图5-7(c)所示。

5.2.2 斜轴测图

1. 斜轴测图

当形体的OX轴和OZ轴决定的坐标面平行于轴测投影面,而投影线倾斜于轴测投影面时,得到的轴测投影称为正面斜轴测投影。

(1)无论投射方向如何倾斜,平行于轴测投影面的平面图形,它的斜轴测投影反映实形。正面斜轴测图中OZ和OX之间的轴间角是90°,两者的轴向伸缩系数都等于1,即$p=r=1$。这个特性,使得斜轴测图的作图较为方便,对具有较复杂的侧面形状或为圆形的形体,这个优点尤为显著。

(2)相互平行的直线,其正面斜轴测图仍相互平行,平行于坐标轴的线段的正面斜轴测投影与线段实长之比,等于相应的轴向伸缩系数。

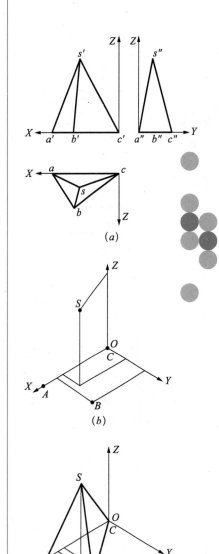

图5-7 坐标法作正轴测投影图

(3) 垂直于投影面的直线，它的轴测投影方向和长度，将随着投影方向 S 的不同而变化。然而，正面斜轴测的轴测轴 OY 的位置和轴向伸缩系数 q 是各自独立的，没有固定的关系，可以任意选之。

当轴线伸缩系数 $p = q = r = 1$ 时，称为正面斜等测；当轴线伸缩系数 $p = r = 1$、$q = 0.5$ 时，称为正面斜二测。

2. 斜二测图及其画法

斜二测图的 OX 轴是水平线，OZ 轴是竖直线，OY 轴与 OX 轴的轴间角为一般取 30°、45° 或 60°，最常用的是 45°，如图 5-8（a）、图 5-8（c）所示，Y 轴的方向可以在左，也可以在右，相对应的斜二测图也如图 5-8（b）所示。

在画斜二测图的时候，步骤与正等测图的画法基本相似，先定出坐标轴的位置，再来绘制形体。

【例 5-4】 已知某形体的三面投影图如图 5-9（a）所示，求作它的斜二测图。

作法：

(1) 形体的三面投影如图 5-9（a）所示，确定出各点和原点的位置；

(2) 画出斜二测图的轴测轴，并在 XZ 坐标面上画出正面图，如图 5-9（b）所示；

(3) 过正面图的各角点作 Y 轴的平行线，如图 5-9（c）所示，

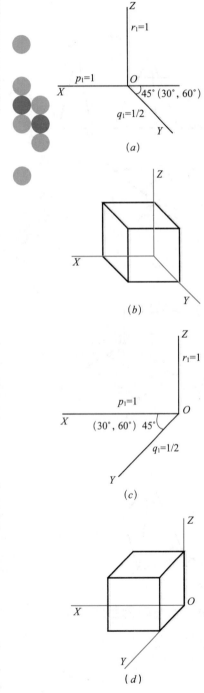

图 5-8 斜轴测图的轴间角和轴向系数

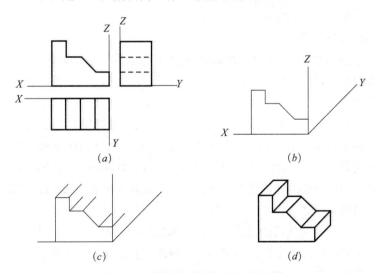

图 5-9 斜轴测图的轴间角和轴向系数

并且截取长度为三面投影图上的一半,作为宽度;

(4) 将平行线各角点连接起来,加深即得其二测图。

5.2.3 圆的轴测投影的画法

常见的圆形在轴测投影图中往往是一个椭圆,因此我们经常要绘制除这样的椭圆,在绘制的时候,除了前面第2单元几何作图中讲过的方法以外,在这里还介绍几种常用的方法。

1. 八点法

(1) 过长短轴的端点 A、B、C、D 作椭圆外切矩形 1234,连接对角线。

(2) 以 $1C$ 为斜边,作 45° 等腰直角三角形 $1KC$。

(3) 以 C 为圆心,CK 为半径作弧,交 14 于 M、N;再自 M、N 引短轴的平行线,与对角线相交得 5、6、7、8 四点。

(4) 用曲线板顺序连接点 A、5、C、7、B、8、D、6、A,即得所求的椭圆。

2. 四心圆法

(1) 在正投影图上定出原点和坐标轴位置,并作出圆的外切正方形 $EFGH$,如图 5-11 所示;

(2) 画轴测轴以及圆的外切正方形的轴测图;

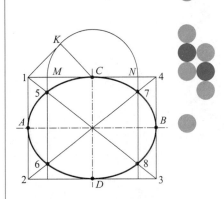

图 5-10 八点法作椭圆

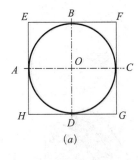
(a)

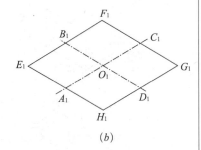
(b)

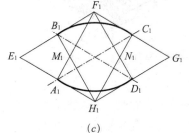
(c)

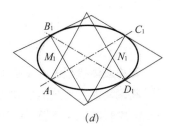
(d)

图 5-11 四心圆法作椭圆

（3）连接 F_1A_1、F_1D_1、H_1B_1、H_1C_1，分别交于 M_1、N_1，以 F_1 和 H_1 为圆心，F_1A_1 或 H_1C_1 为半径作大圆弧 $\widehat{A_1D_1}$ 和 $\widehat{B_1C_1}$；

（4）以 M_1 和 N_1 为圆心，M_1A_1 或 N_1C_1 为半径作小圆弧 $\widehat{A_1B_1}$ 和 $\widehat{C_1D_1}$，即得平行于水平面的圆的正等测图。

训练活动　　　轴测投影及其特性

一、活动目的

本项活动的目的是：通过师生动手制作实物模型，使学生理解轴测投影与三面投影的关系，为识读专业工程图打好基础。

二、步骤及方法

1. 制作立方体模型

如图 5-12（a）所示，用硬纸板作出一个长为 20cm、宽为 18cm、高为 16cm 的长方体。做好以后，将长方体进行切割其中分两次切割，最后成型图如图 5-12（d）所示。

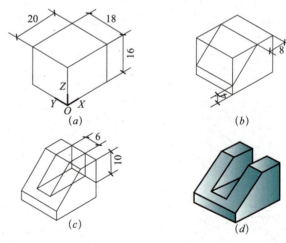

图 5-12　模型制作示意图

2. 将立体模型进行三面投影

将刚刚制作而成的立体模型进行三面投影，绘制此立体模型的三面投影图，并将模型的边长标注在三面投影上面，考查自己的联想能力以及看图能力。应得的三面投影图如图 5-13 所示。

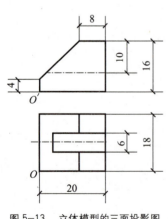

图 5-13　立体模型的三面投影图

单元 6 剖面图和断面图

> **学习重点**
>
> 1. 了解剖面图的形成原理、剖面图的分类及应用；
> 2. 了解断面图的形成原理、断面图的分类及应用。

我们在第 1 单元已经学过了，在工程图中，看见的轮廓线画成实线，看不见的画成虚线。当物体的内部结构复杂或被遮挡的部分较多的时候，图上就会出现很多的虚线，形成虚线与实线交错混淆不清，给看图和标注尺寸增加困难，特别是很多类似于桥台、管道、涵洞这样的内部结构较为复杂的构筑物，我们如果仅仅只看一般的三面投影图是不方便我们清楚地了解其内部构造的。为了解决这个问题，我们假设用一个剖切平面将形体切开，让其内部构造显露出来，使原来不可见部分变为可见部分，原来的虚线变成了实线，图面变得清晰，便于我们读图。

6.1 剖面图

6.1.1 剖面图的基本概念

假想用一个剖切平面 P 剖切物体，将处在观察者和剖切平面之间的部分移去，将剩余的部分向投影面 V 进行投影，所得图形称为剖面图，或称为剖视图，简称剖面，如图 6-1 所示。

6.1.2 剖面图绘制的注意事项

1. 剖切平面的选择

在画剖面图的时候，形体的剖切平面位置应根据表达的需要来确定。为了完整清晰地表达内部形状，要选择最合适的剖切位置，一般说来剖切平面应通过门、窗或孔、槽等不可见部分的中心线，且应平行于剖面图所在的投影面。如果形体具有对称平面，则剖切平面应通过形体的对称平面。

2. 剖面图的线型

剖到的构件的轮廓线用粗实线表示；剖切平面后面的可见轮廓线用细实线表示，对于已经表达清楚的部分，虚线可以省略不画，一般情况下，剖面图中不画出虚线。

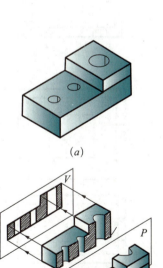

图 6-1 剖面图的形成
(a) 立体图；(b) 剖面表示法

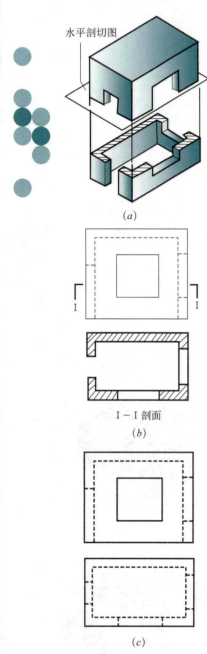

图 6-2 投影示意图
(a) 切割示意图；
(b) 剖面图；
(c) 两面投影

3. 假想剖切平面

剖面图只是一种表达形体内部结构的方法，其剖切和移去一部分是假想的，因此除剖面图外的其他视图应按原状完整地画出，如图 6-2 所示。

4. 画出剖切符号

剖面图中的剖切符号由剖切位置线和投射方向线两部分组成，如图 6-3 所示。

（1）剖切位置线是表示剖切平面的剖切位置的。剖切位置线用两段粗实线绘制，长度 6～10mm。

（2）剖视方向线是表示剖切形体后向哪个方向作投影的。剖视方向线用两段粗实线绘制，与剖切位置线垂直，长度宜为 4～6mm。剖面剖切符号不宜与图面上图线相接触。

（3）剖面的剖切符号，用阿拉伯数字，按顺序由左至右、由下至上连续编排，编号应注写在剖视方向线的端部。且应将此编号标注在相应的剖面图的下方，如图 6-3 所示。

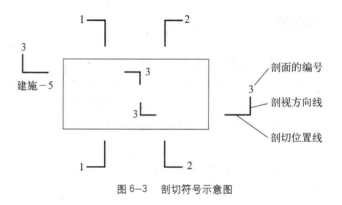

图 6-3 剖切符号示意图

5. 断面填充材料图例符号

剖到的断面填充材料符号，不知材料图例时，可用等间距、同方向的 45°细实线表示。在同一物体的各剖面图中，图例线的方向、间隔要一致，按照国家标准《道路工程制图标准》GB 50162—92 中的规定，在工程图中采用表 6-1 所常用的材料图例。

6. 画剖面图的步骤

（1）首先要先确定剖切面的位置；
（2）进行空间想象，确定移走的是哪个部分；

(3) 通过分析和检查，最后确定剖面区域的形状；

(4) 再次检查剖面形状是否与原形体一致，最后在剖面区域画上剖切符号。

材料图例符号　　　　　　　　　　　　　　　表 6-1

名　称	图　　例	说　　明
自然土壤		包括各种自然土壤
夯实土壤		
普通砖		1. 包括砌体、砌块 2. 当断面较窄、不易画出图例线时，可涂红
混凝土	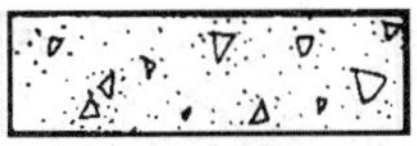	1. 本图例仅适用于能承重的混凝土及钢筋混凝土 2. 包括各种强度等级、骨料、添加剂的混凝土 3. 断面较窄、不易画出图例线时，可涂黑 4. 在剖视图或断面图上画出钢筋时，不画图例线
钢筋混凝土	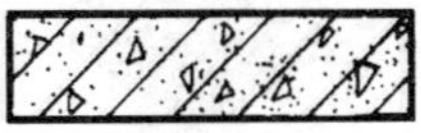	
饰面砖		包括铺地砖、陶瓷锦砖、人造大理石等
砂、灰土	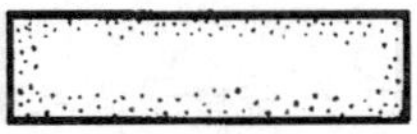	靠近轮廓线点较密的点
毛石	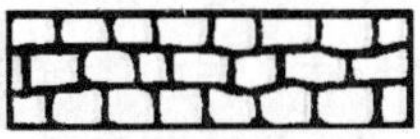	
金属		1. 包括各种金属 2. 图形小时可涂黑
木材		1. 上图为横断面，左上图为垫木、木砖、木龙骨 2. 下图为纵断面
防水材料		构造层次较多或比例较大时，采用上面图例
塑料		包括各种软、硬塑料及有机玻璃等
粉刷		本图例点以较稀的点

6.1.3　剖面图的分类

剖面图按照剖切平面的位置、数量、方向、范围可以分为以下几种类别，具体在应用中应该根据物体的形状和要求来选择。

1. 全剖面图

假想用一个剖切平面沿物体某一方向全部剖开后所得到的剖面图称为全剖面图。全剖面图适用于外形结构简单而内部结构复杂的物体，经常用在某个方向上视图形状不对称或外形虽对称，但形状却较简单的物体，如图6-4所示。

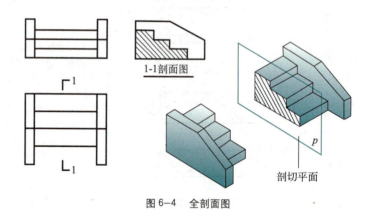

图6-4　全剖面图

2. 半剖面图

当物体具有对称面时，可在垂直于该物体对称面的那个投影（其投影为对称图形）上，以中心线（对称线）为界，将一半画成剖面，以表达物体的内部形状，另一半画成视图，以表达物体的外形，这种由半个剖面和半个视图所组成的图形即称为半剖面图，如图6-5所示。

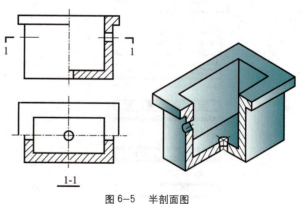

图6-5　半剖面图

3. 局部剖面

用剖切平面局部地剖开物体，以显示物体该局部的内部形状，所画出的剖面图称为局部剖面图，图6-6所示为杯形基础的局部剖面图，图6-7所示为人行道分层局部剖面图。

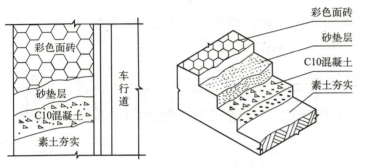

图6-7　人行道分层局部剖面图

4. 阶梯剖面图

当物体内部的形状比较复杂，而且又分布在不同的层次上时，则可采用几个相互平行的剖切平面对物体进行剖切，然后将各剖切平面所截到的形状同时画在一个剖面图中，所得到的剖面图称为阶梯剖面图，如图6-8所示。

5. 旋转剖面图

用两个或两个以上相交的剖切平面剖切时，必须具备以下两个条件：两个相交剖切平面的交线必须垂直于某一投影面；并且两个剖切平面中必有一个剖切平面与投影面平行，如图6-9所示。

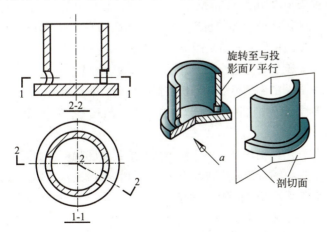

图6-9　旋转剖面图

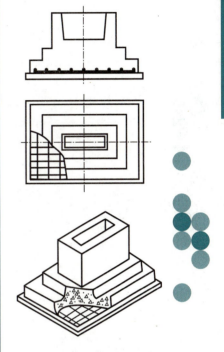

图6-6　杯形基础局部剖面图

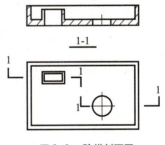

图6-8　阶梯剖面图

6.2 断面图

6.2.1 断面图的基本概念

1. 基本概念

（1）概念：假想用剖切平面将物体的某处切断，仅画出该剖切面与构件接触部分的图形，这种图就称为断面图，如图 6-10 所示。

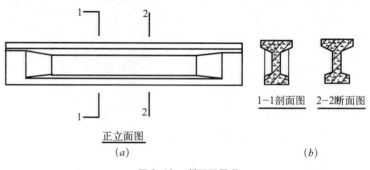

图 6-10 断面图原理

（2）作用：用来表示构件的断面形状、大小、使用材料等情况。

（3）断面剖切符号的表示：由剖切位置线和剖切编号两部分组成。剖切位置线长度为 6～10mm 的两段粗实线，表示剖切面的剖切位置。编号标注的一侧为剖视方向。

2. 断面图和剖面图的区别

（1）基本概念不同

断面图：一个面的投影，是剖面图的一部分，断面图只要用粗实线画出剖切部分的图形。

剖面图：一个体的投影，除了画出剖切面切到部分的图形外还应该画出投影方向看到的部分。

（2）剖切符号的标注方法不同，如图 6-11 所示。

断面图的剖切符号：剖切位置线和剖切编号组成。

剖面图的剖切符号：剖切位置线、剖视方向线和剖切编号组成。

（3）断面图的剖切面不能转折，而剖面图的剖切面可以发生转折。剖面图可用两个或两个以上的剖切平面进行剖切，断面图的剖切平面通常只能是单一的。

3. 断面图的种类

（1）移出断面图：断面图画在形体投影图的外面。

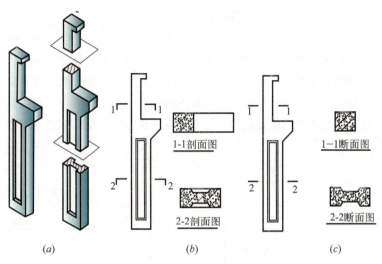

图 6-11　剖面图、断面图区别

当断面图较多的时候常采用移出断面。往往采用较大比例绘制，让断面图更加清晰易读，如图 6-12 所示。画移出断面时注意，首先轮廓线是用粗实线绘制，除此，尽可能画在剖切面位置的延

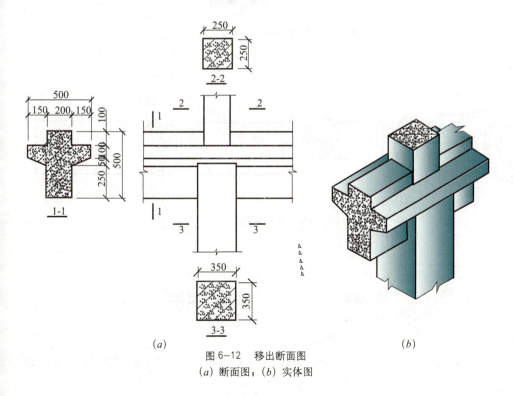

图 6-12　移出断面图
(a) 断面图；(b) 实体图

长线上，必要时才画在其他适当的位置。

（2）重合断面图：按照于原图样相同的比例绘制，旋转90°后重叠在原图样上，其实也就说剖切后将断面图重叠在视图上所得到的断面图，如图6-13所示。当断面不多且断面图形并不复杂时，可以采用重合断面。绘制的时候要注意轮廓线用细实线绘制。当视图中的轮廓线与断面图的图线重合时，视图中的轮廓线仍应连续画出。

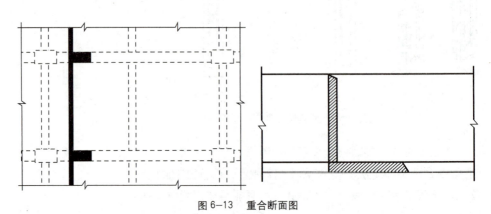

图6-13　重合断面图

（3）中断断面（断裂断面）图

轴、杆类等较长的机件，当沿长度方向形状一致或按一定规律变化时，允许断开后缩短绘制，如图6-14所示。

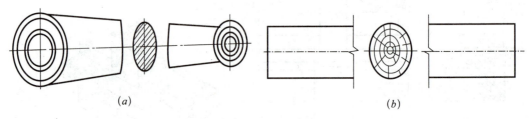

图6-14　中断断面图

 剖面图和断面图

一、活动目的

本项活动的目的是：通过学生自己动手绘制图纸，使学生理解剖面图和断面图的概念以及区别,进而熟悉剖面图和断面图的应用。

二、步骤及方法

1. 给出模型

任课教师准备好一系列模型,给出的模型可以是实样的模型,也可以是图片,图片为立体图,如图 6-15 所示。

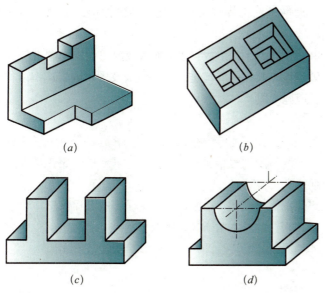

图 6-15　实物模型

2. 实物制作与绘制图形

准备好绘图工具,然后老师指定学生作出某一模型的某一截面的剖面图或者断面图,看谁速度较快又比较准确,最后进行分析,并总结作图的经验和注意的要点。

单元 7 道路工程图识读

学习重点

1. 理解道路工程图的基本知识，熟悉道路工程常用图例；
2. 理解标高投影和地形图的概念，熟悉地物符号和地貌符号；
3. 理解道路工程平面图的基本知识，识读道路平面图；
4. 理解道路工程纵断面图的基本知识，识读道路纵断面图；
5. 理解道路工程横断面图的基本知识，识读道路横断面图；
6. 理解道路工程结构图的基本知识，识读道路工程结构图；
7. 理解道路工程交叉口及挡土墙的作用、类型，识读相应的图；
8. 了解排水系统组成、管道布置及附属构筑物作用；
9. 理解市政排水管道施工图的组成及图示内容，识读和绘制排水管道施工图。

　　道路是为人们生产、生活的需要而修建的公共交通工程，也是同学们熟悉的工程结构物。然而，你看到的道路工程实体和工程图纸感觉一样吗？

　　道路的纵断面图、横断面图表达了哪些工程信息？

　　道路下面的排水管道又是什么样的？

　　本单元以实际工程图为例，详细给同学们解读。

7.1 概述

7.1.1 道路工程图的基本知识

1. 道路工程图常用图例

　　在道路工程图中，除图示构筑物的形状、大小外，还需采用一些图例符号和必要的文字说明，共同把设计内容表示在图纸上。各种图例符号，必须遵照国家已制定的统一标准，如标准图例不够用时，可暂用各地区或各单位的惯用图例，并应在图纸的适当位置画出该图例加以说明。

　　表 7-1 是我国《道路工程制图标准》GB 50162—92 中规定的道路工程常用图例。

2. 坐标网和指北针

　　在工程图中，为了表明该地区的方位和构筑物的位置，常常要绘制坐标网或指北针。坐标网是用细实线绘制的，南北方向轴线代号为 X，东西方向轴线代号为 Y。坐标网格也可采用十字线代替。坐标值的标注应靠近被标注点，书写方向应平行于网格延长线上。数值前应标注坐标轴线代号。当无坐标轴线代号时，图纸上应绘制指北标志。

指北针宜用细实线绘制。如图 7-1 所示，圆的直径应为 24mm，指针尾部的宽度为 3mm。在指北针的端处应注"北"字。

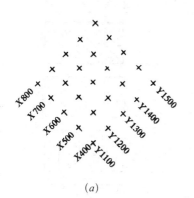 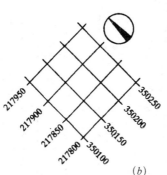 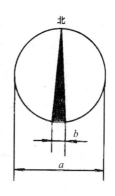

图 7-1 坐标网与指北针

道路工程常用图例 表 7-1 (a)

项目	序号	名称	图例	项目	序号	名称	图例
平面	1	涵洞		平面	5	互通式立交（按采用形式绘）	
	2	通道			6	隧道	
	3	分离式立交 a. 主线上跨 b. 主线下穿			7	养护机构	
					8	管理机构	
	4	桥梁（大、中桥梁按实际长度绘）			9	防护网	
					10	防护栏	

续表

项目	序号	名称	图例	项目	序号	名称	图例
平面	11	隔离墩			25	沥青表面处治	
	12	箱涵			26	水泥混凝土	
	13	管涵			27	钢筋混凝土	
	14	盖板涵					
	15	拱涵			28	水泥稳定土	
	16	箱形通道					
纵断	17	桥梁			29	水泥稳定砂砾	
	18	分离式立交 a.主线上跨 b.主线下穿			30	水泥稳定碎砾石	
	19	互通式立交 a.主线上跨 b.主线下穿		材料	31	石灰土	
材料	20	细粒式沥青混凝土			32	石灰粉煤灰	
	21	中粒式沥青混凝土			33	石灰粉煤灰土	
	22	粗粒式沥青混凝土			34	石灰粉煤灰砂砾	
	23	沥青碎石			35	石灰粉煤灰碎砾石	
	24	沥青贯入碎砾石			36	泥结碎砾石	

续表

项目	序号	名称	图例	项目	序号	名称	图例
材料	37	泥灰结碎砾石		材料	43	浆砌块石	
	38	级配碎砾石			44	木材 横	
						木材 纵	
	39	填隙碎石			45	金属	
	40	天然砂砾			46	橡胶	
	41	干砌片石			47	自然土壤	
	42	浆砌片石			48	夯实土壤	

路线平面中常用的图例和符号　　　　　表 7-1 (b)

	图　　例					符　　号	
浆砌块石		房屋	独立 成片	用材料	松	转角点	JD
						半　径	R
水准点	BM 编号 高程	高压电线		围　墙		切线长度	T
						曲线长度	L
导线点	编号 高程	低压电线		堤		缓和曲线长度	L_0
						外　距	E
转角点	JD 编号	通信线		路堑		偏　角	a
						曲线起点	ZY

续表

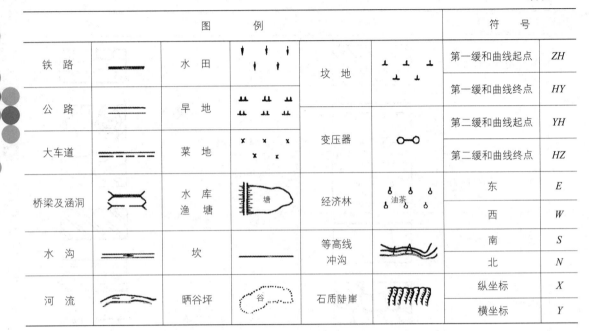

7.1.2 识读工程图的注意事项

(1) 施工图是按照国家标准并根据投影图示的原理所绘制，所以要看懂工程图，应熟悉图样的基本规格，掌握投影原理和形体分析的方法，并要了解工程构筑物的基本构造。

(2) 工程图常采用一些图例符号以及必要的文字说明，共同把设计内容表现在图纸上，因此还必须记住常用的图例符号，便于在识图时辨明符号的意义。

(3) 看图时要注意从粗到细，从大到小。先了解工程概况、总说明和基本图纸，再深入看构件图和详图。

(4) 一套施工图是由各工种的许多张图纸组成，各图纸之间是相互联系的。图纸的绘制大体是按照施工过程中不同的工种、工序分成一定的层次和部位进行的，因此要系统地、综合地看图。

7.2 标高投影与地形图

7.2.1 标高投影与等高线

如图 7-2 (a) 所示的山包，用不同的高程平面切割的截交线投影到水平面上，即可得到图 7-2（b），这也就是标高投影。图中闭合的曲线称为等高线。等高线就是地面上高程相同的相邻各点连成的曲线，等高线能准确而形象地表示地貌变化情况。等高线高程数字的字头按规定指向上坡方向。

如图 7-2，从图中可看出地形图上的等高线是封闭的不规则曲线，一般情况下（除悬崖、峭壁等特殊地形外），相邻等高线不相交、不重合，在同一张地形图中，等高线越密表示该处地面坡度越陡，等高线越稀表示该处地面坡度越缓。

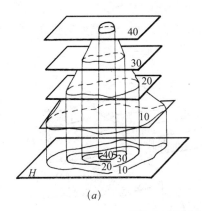
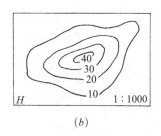

图 7-2　地形面的标高投影图

相邻等高线之间的高差称为等高距，也称为等高线间隔，用 h 表示。相邻等高线之间的水平距离称为等高线平距，用 d 表示。h 与 d 的比值就是地面坡度 i

$$i=\frac{h}{dM}$$

式中　　M——比例尺分母。

由于在同一幅地形图上等高距 h 是相同的，所以，地面坡度 i 与等高线平距 d 成反比。地面坡度较缓，其等高线平距较大，等高线显得稀疏；地面坡度较陡，其等高线平距较小，等高线十分密集。如果等高线平距相等，则坡度均匀。

地面的形状虽然复杂多样，但都可看成是由山头、洼地（盆地）、山脊、山谷、鞍部或陡崖和峭壁组成的。如果掌握了这些基本地貌的等高线特点，就能比较容易地根据地形图上的等高线，分析和判断地面的起伏状态，以利于读图、用图和测绘地形图。

1. 山头和洼地的等高线

山头和洼地（又称盆地）的等高线都是一组闭合曲线。如图 7–3（a）所示，山头内圈等高线高程大于外圈等高线的高程；洼地则相反，如图 7–3（b）所示。

2. 山脊与山谷的等高线

沿着一个方向延伸的高地称为山脊，山脊上最高点的连线称为山脊线或分水线。山脊的等高线是一组凸向低处的曲线，如图 7–4（a）所示。

在两山脊间沿着一个方向延伸的洼地称为山谷，山谷中最低点的连线称为山谷线。山谷的等高线是一组凸向高处的曲线，如图 7–4（b）所示。山脊线、山谷线与等高线正交。

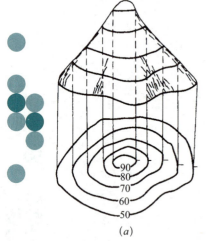
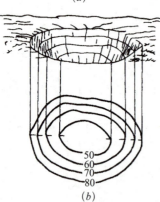

图 7–3　山头与洼地的等高线

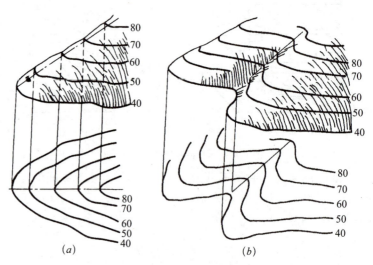

图 7–4　山脊和山谷的等高线

3. 鞍部的等高线

相邻两山头之间呈马鞍形的低凹部分称为鞍部，鞍部是两个山脊和两个山谷会合的地方。鞍部的等高线由两组相对的山脊和山谷的等高线组成，即在一圈大的闭合曲线内，套有两组小的闭合曲线，如图 7–5 所示。

4. 地形断面图

用一铅垂面剖切地形面，画出剖切平面与地形面的交线及材料图例，称地形断面图。

地形断面图是在等高线地形图的基础上绘制的。它在平整土地、修筑渠道、建筑铁路、公路和其他工程时，可作为计算土石方量的依据。地形剖面图有水平比例尺和垂直比例尺。

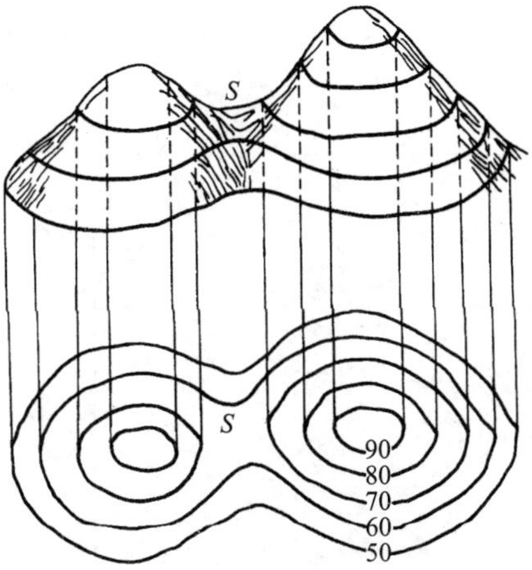

如图 7-6 所示，剖切平面 A-A 与地形面相交，其与各等高线的交点为 1、2、3、…、14。在图纸的适当位置以各交点的水平距离为横坐标，高程为纵坐标作一直角坐标系，根据地形图上的高差，按图中比例将高程标在纵坐标轴上，并画出一组水平线，根据地形图中剖切平面与等高线各交点的水平距离在横坐标轴上标出 1、2、3、…、14 点，然后自点 1、2、3、…、14 作铅垂线与相应的水平线相交得 Ⅰ、Ⅱ、Ⅲ……，依次光滑连接各点，即得该断面实形，再画出断面材料符号，即得 A-A 地形断面图。值得注意的是，在连点过程中，相邻同高程的两点 4、5 在断面图中不能连为直线，而应按该段地形的变化趋势光滑相连。

图 7-5 鞍部的等高线

7.2.2 地形图的基本知识

将地面上的地物、地貌沿铅垂方向投影到水平面上，同时按一定的比例尺缩小，并采用统一规定的图式符号绘制的地面图形，称为地形图。其中地物指人工地物和自然地物，如建筑物、道路、桥梁、江河、湖泊、森林等；地貌指地面高低起伏的自然形态，如山地、丘陵、平原等。地物与地貌合称为地形。

1. 地形图的比例尺及精度

地形图上任意一条线段的长度 l 与相对应地面上实际长度 L

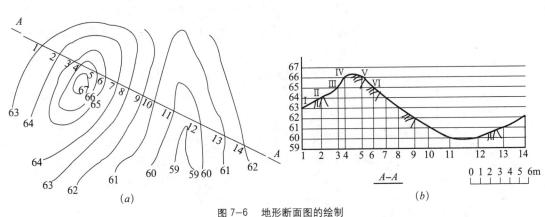

图 7-6 地形断面图的绘制
(a) 地形的标高投影；(b) 地形断面图

之比，称为地形图的比例尺。比例尺的大小是指比值的大小，用公式表示：

$$\frac{l}{L}=\frac{1}{M}$$

式中　　M——缩小的倍数。

比例尺的大小是以比例尺的比值来衡量的。比例尺分母 M 越小、比例尺越大，比例尺越大，表示地物地貌越详尽。数字比例尺通常标注在地形图下方。

比例尺精度，是指正常情况下人眼在平面图上能分辨出来的最小距离为 0.1 mm，我们将地形图上 0.1mm 所代表的实地水平距离，称为比例尺精度。例如：1∶2000 地形图比例尺精度为 0.1mm×2000 = 0.2m，也就是说量距只需精确至 0.2m，即使量得再精确，在平面图上也无法表示。

2. 地物符号

地形图上表示地物类别、形状、大小及位置的符号称为地物符号。表 7–2 列举了一些地物符号，这些符号摘自国家测绘局 2007 年颁发的《1∶500、1∶1000、1∶2000 地形图图式》GB/T 20257.1–2007。表中各符号旁的数字表示该符号的尺寸，以"mm"为单位。根据地物形状大小和描绘方法的不同，地物符号可分为以下几种：

（1）比例符号（依比例尺符号）：地物依比例尺缩小后，其长度和宽度能依比例尺表示的地物符号。

（2）半依比例尺符号：地物依比例尺缩小后，其长度能依比例尺而宽度不能依比例尺表示的地物符号。在本部分中符号旁只标注宽度尺寸值。

（3）不依比例尺符号：地物依比例尺缩小后，其长度和宽度不能依比例尺表示。在本部分中符号旁标注符号长、宽尺寸值。

3. 地貌符号

地貌是指地表面的高低起伏状态，如山地、丘陵和平原等。地貌的表示方法很多，大比例尺地形图中常用等高线表示地貌。用等高线表示地貌不仅能表示出地面的高低起伏状态，且可根据它求得地面的坡度和高程等。

地物符号 表 7-2

编号	符号名称	符号式样 1:500	1:1000	1:2000	符号细部图
1	沟堑 a. 已加固的 b. 未加固的 2.6——比高				
2	坎儿井 a. 竖井	0.3 1.0 4.0			3.2 1.6
3	地下渠道、暗渠 a. 出水口	0.3 1.0 4.0 2.2			0.3 1.4 0.3 30°
4	输水渡槽（高架渠）	0.25			1.0
5	输水隧道	1.2 0.6			1.0
6	倒虹吸				
7	涵洞 a. 依比例尺的 b. 半依比例尺的				a 45° 3.2 0.6 1.0 b 90° 1.0
8	单幢房屋 a. 一般房屋 b. 有地下室的房屋 c. 突出房屋 d. 简易房屋 混、钢——房屋结构 1、3、28——房屋层数 －2——地下房屋层数	a 混1 b 混3-2 0.5 2.0 1.0 c 钢28 d 简			3 1.0 28
9	建筑中房屋	建			

续表

编号	符号名称	符号式样			符号细部图
		1∶500	1∶1000	1∶2000	
10	窑洞 a. 地面上的 　a1. 依比例尺的 　a2. 不依比例尺的 　a3. 房屋式的窑洞 b. 地面下的 　b1. 依比例尺的 　b2. 不依比例尺的				
11	围墙 a. 依比例尺的 b. 不依比例尺的				
12	栅栏、栏杆				
13	篱笆				
14	活树篱笆				
15	台阶				
16	室外楼梯 a. 上楼方向				
17	路堑 a. 已加固的 b. 未加固的				
18	路堤 a. 已加固的 b. 未加固的				
19	高压输电线 架空的 a. 电杆 　35——电压（kV）				

续表

编号	符号名称	符号式样			符号细部图
		1:500	1:1000	1:2000	
20	稻田 a. 田埂				
21	旱地				
22	菜地				
23	水生作物地 a. 非常年积水的 菱——品种名称				
24	经济作物地				
25	草地 a. 天然草地 b. 改良草地 c. 人工牧草地 d. 人工绿地				

7.3 道路工程平面图

道路是一种供车辆行驶和行人步行的带状结构物，它由起点、终点和一些中间控制点相连接。道路路线在平面、纵断面上发生方向转折的点，称为路线在平面、纵断面上的控制点，是道路定线的重要依据。

道路根据它们不同的组成和功能特点，可分为公路和城市道路两种。位于城市郊区和城市以外的道路称为公路；位于城市范围以内的道路称为城市道路。

道路路线是指道路沿长度方向的行车道中心线。道路路线的线形由于地形、地物和地质条件的限制，在平面上是由直线段和曲线段组成，在纵断面上是由平坡段和上下坡段及竖曲线组成。因此从整体上来看，道路路线是一条空间曲线。

道路工程图的内容包括平面图、纵断面图和横断面图。由于道路建筑在大地表面狭长地带上，道路竖向高程和平面的曲直变化都与地面起伏形状紧密相关。因此，道路工程图的图示方法与一般工程图不同，它是以地形图作为平面图的基础，以道路纵向展开断面图作为立面图，以道路横断面作为侧面图，并且大都各自画在单独的图纸上。利用这三种工程图来表达道路的空间位置、线形和尺寸。

7.3.1 道路工程平面图的基本知识

道路平面图就好像人在飞机上向下俯视大地所能看到的道路路线、河流、桥梁、房屋等地形、地物的缩影而绘成的一张平面图形，它表示路线的曲折顺直及附近的地形地物情况，为了把能看到的地形地物能清楚地反映在图上，通常采用一定的比例、等高线、地形地物的图例及指北针来绘成道路工程图。

道路的特点是狭长，平面图不可能在一张图纸中全包括，所以把路线分段画在图纸上，在应用时按正北方向以路线中心为准、拼凑起来如图 7-7 所示，图中路线表示路面中心线位置。

道路平面图的作用是表达路线的方向、平面线形（直线和左右弯道）和车行道布置

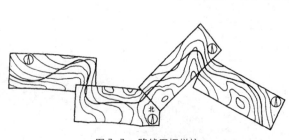

图 7-7　路线图幅拼接

以及沿线两侧一定范围内的地形、地物情况。

1. 指北针

道路平面图通常以指北针表示方向，有了方向指标，就能表明道路所在地区的方位与走向，并为图纸拼接校核作依据。

2. 比例

公路路线平面图所用比例，一般为 1∶5000（平原区）～1∶2000（山岭区），城市道路路线平面图比例一般为 1∶500～1∶1000。

3. 路线桩号

为了能清楚地看出路线总长与各路段之间的长度，一般在道路中心线上自路线起点到终点按前进方向设置里程桩，其书写式样为"× + ×××"，加号前为公里数，加号后为米数。通常以 ◐ 表示里程桩，如 ◐K1 + 000 即该处的位置距路线起点的距离为 1km。

4. 地形地物

在平面图上除了表示路线本身的工程符号外，还应绘出沿线两侧的地貌地物。所谓地貌系指地面的高程起伏情况，可用等高线表示；地物系指各种建筑物如电线杆、桥涵、挡土墙、铁路、房屋村庄等，均以各种简明图例表示，在图中可了解路线与附近的地形地物之间的关系。此外还应在图框边缘沿路线方向用箭头注明所连接的城镇。对道路的改建，需拆除的各种建筑物如电线杆、房屋、果树、渠道等，均需在图上清楚地表示。道路沿线每隔一定距离设有水准点。◐ 为水准点符号，画在水准点所在的位置上。

5. 线形、图例

城市道路平面图上，设计道路中心线用细点画线表示，道路规划红线常用双点画线表示，机动车道、非机动车道、分隔带、人行道常以粗实线表示。通常以 ■ 表示雨水口，以 ▽ 表示挑水点。

6. 平曲线要素

道路平面线形，由于受地形、地物的限制和工程经济、艺术造型方面的考虑，通常由直线段和曲线段连接而成。在路线转折处的点位称为交点，用 JD 表示，如图 7-8 所示。

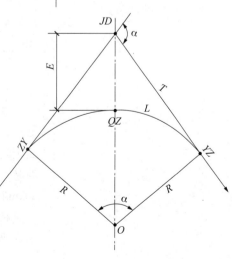

图 7-8 圆曲线的几何要素

(1) 当曲线段采用单一圆曲线时，它有三个曲线交点，曲线起点称为直圆点（ZY）、曲线中点称为曲中点（QZ）和曲线终点称为圆直点（YZ）。它的要素则为：偏角 α，即路线沿前进方向向左或向右偏转的角度，故有左偏角与右偏角之分（图7-8所示为右偏角），圆曲线的设计半径 R 及其切线长 T、曲线长 L 和外矢距 E。

(2) 当曲线段采用带有缓和曲线的圆曲线时，它有五个交点，按路线前进方向依次为直缓点（ZH）、缓圆点（HY）、曲中点（QZ）、圆缓点（YH）及缓直点（HZ），如图7-9所示。它的要素除偏角 α 和圆曲线设计半径 R 外，尚有缓和曲线和长 L_S、带有缓和曲线的切线长 T_H、曲线长 L_H 和外矢距 E_H 等。

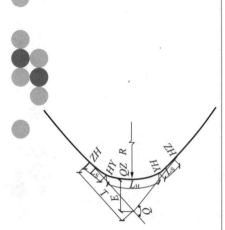

图7-9 缓和曲线要素

7.3.2 城市道路平面图的识读

(1) 图7-10是规划东路的路线设计图，道路平面图的比例为1：500，设计阶段为施工图阶段。道路的基本走向为南北走向，图中的地形、地物有：房屋、管涵、电线杆、河流等，图中每间隔40m设置一处雨水口，每间隔40m设置一处挑水点。

(2) 图中线型从中间往外分别是道路设计中心线、中央分隔带边线、设计车行道边线、设计绿化带边线、设计人行道边线、道路规划红线。非机动车道宽度为3m，人行道宽度为3m。

(3) 识读图中 JD_3，其平曲线要素分别为 $T = 331.347$m，$L = 619.558$m，$E = 73.928$m，$R = 705.588$m，$\alpha = 50°18'36''$。QZ_3 的里程桩号为 K1 + 700。

7.3.3 公路平面图的识读

如图7-11节选自平庄公路平面图，本图设计工程范围为从桩号 K12+675.00 至桩号 K13+075.00，长度400m。公路路线为东西走向，沿线基本为农田和沟浜，此外还有部分农村宅基地和鱼塘等，地势较低。本道路为二级公路设计标准，计算行车速度为80km/h，道路规划红线为40m。

横断面组成部分有：路肩、非机动车道、波形梁护栏、机动车道、中央分隔带。桩号 K12 + 999.95 有一处管涵。

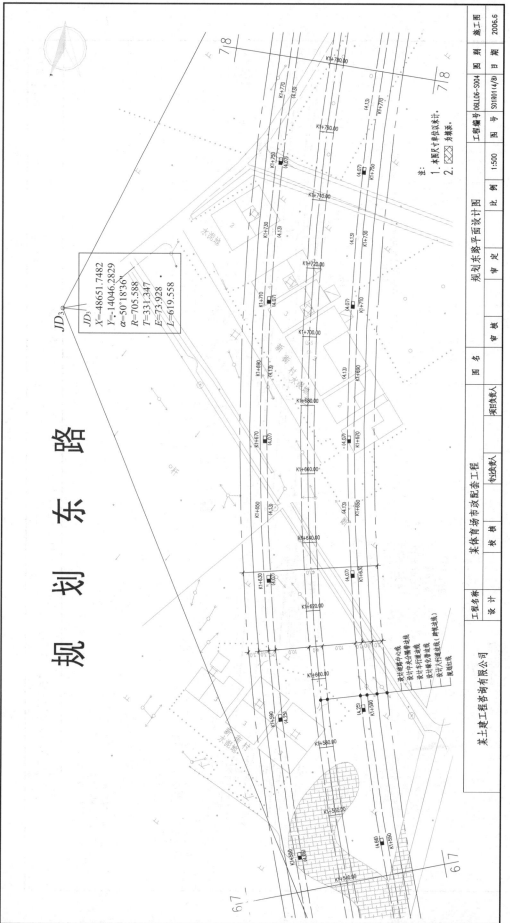

图 7-10 规划东路平面设计图

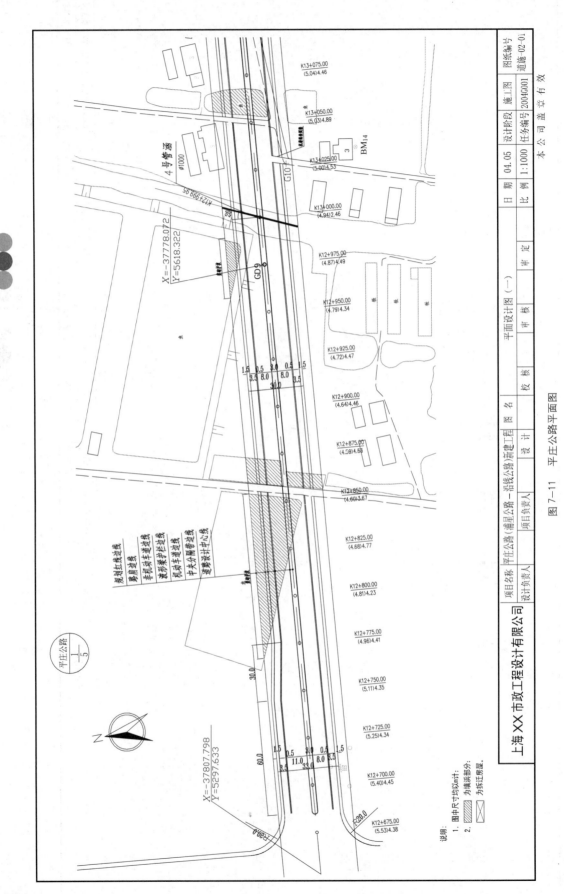

图 7-11 平庄公路平面图

7.4 道路工程纵断面图

7.4.1 道路纵断面基本知识

沿着道路中线竖直剖切，然后展开所画出的道路长度（纵）方向的断面图称为路线纵断面图。由于自然因素以及经济性要求，路线纵断面总是一条有起伏的空间线。

图 7-12 为路线纵断面示意图。纵断面图是道路纵断面设计的主要结果。把道路的纵断面图与平面图结合起来，就能准确地定出道路的空间位置。

它主要反映设计道路纵向坡度的升降及其设计高程的变化，原地面高低起伏的状况，施工填挖情况和沿线设置的构筑物的概况等。

道路纵断面图由图样和资料表两部分组成。图纸的上方为图样，下方则为资料表。两者上下对应，且规定自左至右作为道路路线的前进方向，如图 7-12 所示。

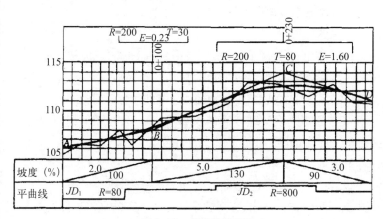

图 7-12　路线纵断面图

7.4.2 图样部分的图示内容

图样是以道路设计中线上各桩点的里程桩为横坐标，各桩点的地面高程或路面设计高程作为纵坐标，采用坐标点绘制并连接而成。为此，图样的水平方向表示路线的长度，竖直方向表示高程。

由于路线竖向高程的变化远比路线长度要小，为明显地反映这些高程的变化，规定图样的竖向绘制比例按水平方向放大 10 倍，如图 7-22 所示，横向为 1：1000，纵向为 1：100。这样所画出的路线坡度比实际的大，但能清楚突出地显示路线高程的变化和设计上的处理。

在图样的左边，为提供绘制和识读图样的需要，按竖向比例绘制有高程标尺，并注写相应的高程数字，以米为单位。

1. 图线、图样上有两条主要的图线

（1）地面线。它是道路中线上一系列桩点的地面高程用细实线连成的一条不规则折线，反映了沿中线的地面高低起伏状况。

（2）设计线。它是经过技术上、经济上和美学上等多方面的考虑比较后定出的一条由直线和曲线组成的规则形状的几何线。反映了道路设计纵向坡度升降和设计高程的变化情况。

设计线和地面线的交错，就形成了道路施工的填和挖。设计线在地面线上方的路段为填方路段；相反，设计线在地面线下方的路段为挖方路段，设计线与地面线重合则为不填不挖路段，路线上任一桩点的设计高程与地面高程之差值称为施工高度。

此外，图样上尚会用细双点画线及水位符号画出地下水位线，地下水位测点则仅用水位符号示出，如图7-13所示。

2. 道路纵坡

设计线由直线和曲线组成，直线又有上坡、下坡和平坡三种坡段。直线坡段两端点间的高程差（h）和水平距离（L）之比称为道路的设计纵向坡度（i），如图7-14所示：$i = h/L$。

城市道路的设计纵坡通常以‰表示，公路通常以%表示，按行车方向规定：上坡为"$+i$"，下坡为"$-i$"。

3. 竖曲线

设计线的相邻两直线坡段的交点称为设计纵坡变坡点，图上用直径为2mm的圆画出。在变坡点处为了行车的平顺和视距要求，当前后两坡段设计纵坡的代数差超过规定数值时，在该处的竖直面内视平曲线也要用圆曲线来连接两坡段。这种曲线称为竖曲线，

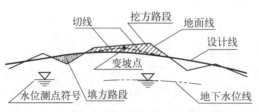

图7-13　道路设计线、原地面线、地下水位线的标注

图7-14　纵坡度计算图

它可分为凸形和凹形两种,如图 7-15 所示。当竖曲线设置在变坡点下方时为凸形竖曲线;反之当竖曲线设置在变坡点上方时为凹形竖曲线。

(1) 竖曲线的要素

纵坡变坡角 ω,即按路线前进方向,一直线坡段在变坡点处转变坡向时在竖直面内与原坡段延长线所形成的夹角。竖曲线的设计半径 R、切线长 T、曲线长 L 和外矢距 E,如图 7-16 所示。

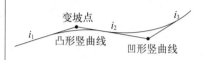

图 7-15 竖曲线示意

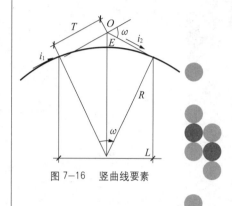

图 7-16 竖曲线要素

(2) 竖曲线的标注

竖曲线用粗实线绘制,其切线则用细实线表示,并在竖曲线的上方用细实线画出其图示符号。如图 7-17 所示,图示符号的水平线两端与竖曲线的起、终点平齐,即它的长度与竖曲线的水平投影等长。由水平线的中点向下画有一较长的竖直线对准变坡点,水平线两端又画有两条短竖线,短竖线向下表示凸形竖曲线,向上表示凹形竖曲线。并由两短竖线向下引画两条较长的竖线与中间的一条形成三条平行的竖线。在它们的左侧依次注写竖曲线三交点(起、中、终点)的设计高程,右侧依次注写三交点的设计位置(用相应的桩号表示)。水平线的上方则注写竖曲线的要素:设计半径 R、切线长 T 和外矢距 E,如图 7-22 所示。

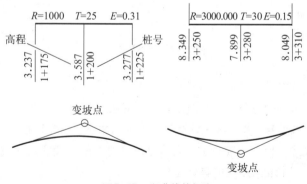

图 7-17 竖曲线的标注

4. 设计线的断链

在道路测量过程中,有时因局部改线或事后发现量距或计算有错误,以及在分段测量中由于假定起始里程与实际不符等原因而造成里程不连续,以致影响路线的实际长度,这种里程不连续的现象称为"断链"。断链有长链和短链之分。当地面实际里程小于原路线记录的桩号里程时称为短链,反之则称之为长链。在纵断面图上关于短链与长链的标注有如下规定。

（1）当路线短链时，道路设计线应在相应桩号处断开，并按图7-18（a）标注。

（2）路线局部改线而产生长链时，为利用已绘制的纵断面图，当高差大时，宜按图7-18（b）标注；当高差较小时宜按图7-18（c）标注。

（3）长链较长而不能利用原纵断面图时，应另绘制长链部分的纵断面图。

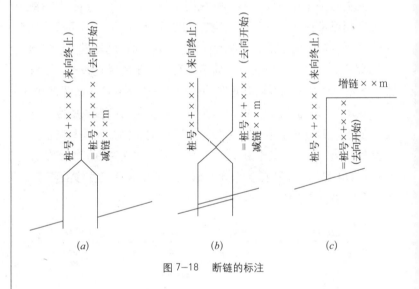

图7-18 断链的标注

5. 水准点标注

水准点宜按图7-19所示标注，竖直引出线应对准与水准点相对应的桩号，竖直线左侧标注与水准点所在位置相对应的桩号，水平线上方标注水准点编号及高程。竖直线的右侧或水平线的下方则注写水准点所在的具体位置。

6. 给水排水管涵标注

纵断面图中，给水排水管涵应标注规格及管内底的高程。地下管线横断面应采用相应图例。无图例时可自拟图例，并应在图纸中说明。

7. 道路沿线的构筑物交叉口的标注

道路沿线的构筑物、交叉口，可在道路设计线的上方，用竖直引出线标出。竖直引出线应对准构筑物或交叉口位置。线

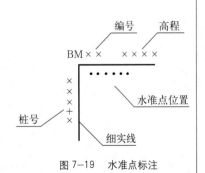

图7-19 水准点标注

右侧标注桩号，左侧标注构筑物名称、规格或交叉口名称，如图 7-20 所示。

7.4.3 资料表部分的图示内容

道路纵断面图的资料表与其上方的图样对应地绘制和填写。其格式有多种，栏目有简有繁，视具体道路路线情况而定。常见栏目如下：

1. 地质情况

道路沿线若有土质变化，则在该项目分段注明各段的土质名称。

2. 坡度与长度

按纵坡变坡点将该项目分成几个不同的坡段，各坡段或画有自左下至右上的斜线表示为上坡坡段，或画有自左上至右下的斜线表示为下坡坡段，或在中央画一水平线表示平坡坡段。在斜线或平线的上方注写各坡段的设计纵坡，下方注写各坡段的水平长度，以米为单位。

3. 设计高程

根据纵断面设计结果填写各里程桩处的路面设计高程，单位为"m"。

4. 地面高程

根据纵断面测量成果填写各里程桩处的地面高程，单位为"m"。

5. 填挖高度

按式："填挖高度＝设计高程－地面高程"计算填写，当差值为"＋"时是填筑高度；当差值为"－"时是挖掘深度。

6. 里程桩号

按图样的横向比例，由左至右写出路线上所有的整桩和加桩的桩号，平曲线各交点的桩号处尚应注写它们的代号。

7. 平面直线和曲线

道路的直线段在该栏目的中间画一直线表示。曲线段则根据路线向左或向右转弯画成折线状：单一圆曲线时，按曲线的起、终点画成正交折线状，如图 7-21（a）所示；设缓和曲线的圆曲线时，按曲线的四个交点（QZ 点除外）画成斜交折线状，如图 7-21（b）所示。并在折线的一侧注写交点的代号和编号、曲线的各要素。

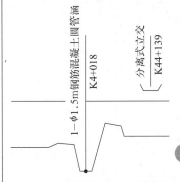

图 7-20　构筑物及交叉口的标注

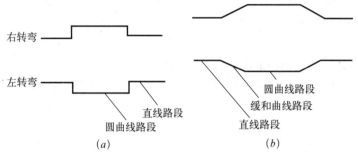

图 7-21 平面直线和曲线的标注

7.4.4 城市道路纵断面图识读举例

如图 7-22 所示，识读如下：

（1）本图为某体育场市政配套工程中的某道路纵断面图。图的比例为：横向 1：1000，纵向 1：100。本图所示路段自 K0＋770 至 K1＋275，计长 505m。

（2）本图所示的设计线结合资料表的"坡度/长度"栏可知，在本图范围内路线分成四坡段。自左至右，第一个坡段接续于上一张图纸，为下坡坡段；第二坡段为上坡坡段；第三坡段又是一个下坡段；第四坡段则为一平坡段并延伸至下张图纸。各坡段的起终点桩点、桩号、设计纵坡度和坡度的水平长度的注写在资料表的该栏目里。

（3）本图所示设计线有三个纵坡度变坡点，分别位于 K0＋850、K1＋010 和 K1＋150 处。三处均设置了竖曲线，左边和右边的两个是凹形的，中间的一个是凸形的。这些竖曲线的曲线要素分别注写在它们的图示符号的水平线上下；图示符号的三条竖直线左右，则注写有各个竖曲线三交点（起、中、终）的设计位置（桩号）和设计高程，可自行详细阅读。

（4）本图所示设计线基本上全线位于地面线的上方，设计高程约在 4.2～5.5m 之间，故除左边 K0＋770～K0＋788 间为少量挖方外，全路段均为填方，填筑高程可细阅资料表的"填挖高度"栏。

（5）由图样所示地面线可知，左边约 K0＋845～K0＋888 间，右边约 K1＋229～K1＋250 间为两个低洼地，地面高差在 1.5m 左右；中间的 K1＋005～K1＋012 处为一小河，河深约 2m。

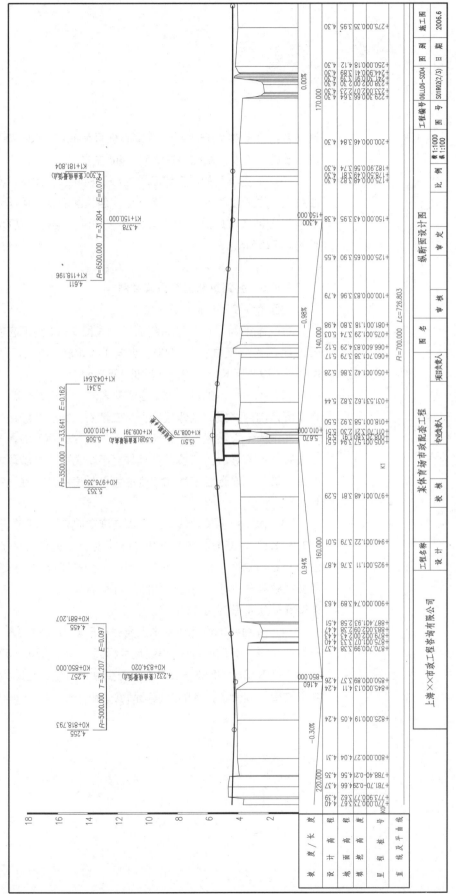

图 7-22 某城市道路纵断面图

设计考虑在此架设一小桥，桥中心桩号为 K1＋008.79，其余部位地面起伏不大，高程约在 3.5～4m 左右。

（6）由资料表的"直线及平曲线"栏看来，本图的路线处在曲线段，虽所注写的曲线要素不全，但从图示直线画于该栏目格子的下方可知，应是一个左转的弯道，设计半径为 700m，曲线长约为 726.8m。

7.4.5 公路纵断面图识读举例

如图 7－23 所示，识读如下：

（1）本图为平庄公路纵断面图，与图 7-11 为配套图纸。本图的比例为：横向 1：1000，纵向 1：100。本图所示路段自 K12＋619.8 至 K13＋075，计长 455.2m。

（2）本图所示的设计线结合资料表的"坡度/长度"栏可知，在本图范围内路线分成四坡段。自左至右，第一个坡段接续于上一张图纸为上坡坡段；第二坡段为下坡坡段；第三坡段又是一个上坡段，第四坡段为下坡段并延伸至下张图纸。各坡段的起终点桩点、桩号、设计纵坡度和坡度的水平长度的注写在资料表的该栏目里。

（3）本图所示设计线有三个纵坡度变坡点，分别位于 K12＋652.49、K12＋853.00 和 K13＋075.00 处。三处均设置了竖曲线，左边和右边的两个是凸型的，中间的一个是凹型的。这些竖曲线的曲线要素分别注写在它们的图示符号的水平线上下。在 K12＋999.95 处为 4 号管涵。

（4）本图所示设计线基本上全线位于地面线的上方，设计高程约在 4.59～5.57m 之间，沿线地坪标高一般在 2.36~5.57m 之间，故除中间 K12＋853.8～871.6 间为少量挖方外，全路段为填方，填筑高程可细阅资料表的"填挖高度"栏。

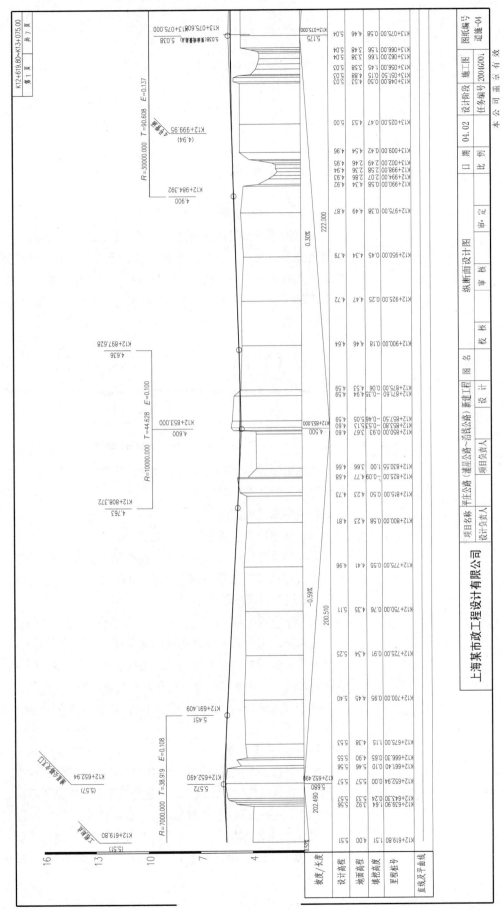

图 7-23 某城市道路纵断面图

7.5 道路工程横断面图

7.5.1 道路横断面基本知识

道路的横断面是指沿垂直于道路中心线方向将道路剖开所作的道路宽度（横）方向的断面图，如图7-24所示。道路横断面的形式主要取决于：道路的类别、等级、性质和红线宽度以及有关交通资料等。道路横断面是由机动车道、非机动车道、人行道、分车带、绿化带等几部分组成。

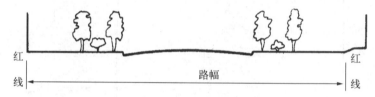

图7-24 横断面、红线、路幅

横断面设计的主要任务是合理地确定道路各组成部分的宽度及相互之间的位置与高差等。

1. 城市道路的宽度

（1）城市道路总宽度

即城市规划红线之间的宽度，也称路幅宽度。它是道路的用地范围。包括城市道路各组成部分：车行道、人行道、绿化带、分车带等所需宽度的总和。

（2）车行道宽度

城市道路上供各种车辆行驶的路面部分，统称车行道。确定车行道宽度最基本的要求是保证道路在设计年限内来往车辆安全顺利地通过，车辆最多时也不至于发生交通堵塞。

城市道路的车行道宽度包括机动车道宽度和非机动车道宽度。

1）机动车道宽度

机动车每条车道宽度一般为3.0~3.75m。我国大、中城市的主干路，除具有特殊要求以外，一般均宜采用四车道（双向），次干路及对于交通量不大的小城镇的主干路可采用双车道（双向）。

根据道路建设的经验，对双车道的宽度多用7.5~8.0m，三车道用10~11m，四车道用13~15m，六车道用19~22m。

2）非机动车道宽度

非机动车每条车道宽度一般为 1.0～2.5m，根据实际经验，非机动车道的基本宽度可采用 5.0m（或 4.5m）,6.50m（或 6.0m）,8.0m（或 7.5m）。

3）人行道宽度

人行道的主要功能是满足行人步行交通的需要，还要供植树、地上杆柱、埋设地下管线以及护栏、交通标志宣传栏、清洁箱等交通附属设施之用。根据实践经验，一侧人行道的宽度与路幅宽度之比约在 1∶7～1∶5 范围内是比较合适的。

4）分车带宽度

分车带是分隔车行道的。有时设在路中心，分隔两个不同方向行驶的车辆；设在机动车道和非机动车道之间，分隔两种不同的车行道。分车带最小不宜小于 1.0m 宽度，如在分车带上考虑设置公共交通车辆停车站台时,其宽度不宜小于1.5～2.0m。

2. 车行道的横坡及路拱

（1）道路横坡

人行道、车行道、绿化带，在道路横向单位长度内升高或降低的数值称为它们的横坡度，用 i 表示，$i=\tan\alpha=h/d$,如图 7-25 所示。

横坡值以 %、‰ 或小数值表示。

为了使人行道、车行道及绿化带上的雨水通畅地流入街沟，必须使它们都具有一定的横坡。横坡大小取决于路面材料与道路纵坡度，也应考虑人行道、车行道、绿化带的宽度及当地气候条件的影响。

道路横坡度的数值可参考表 7-3。

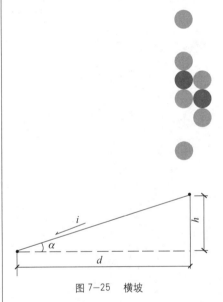

图 7-25　横坡

不同路面类型道路横坡度　　表 7-3

路面面层类型	路面横坡度（%）	路面面层类型	路面横坡度（%）
水泥混凝土路面	1.0～1.5	半整齐和不整齐石块路面	2.0～3.0
沥青混凝土路面	1.0～1.5	碎、砾石等粒料路面	1.5～4.0
其他黑色路面	1.5～2.5	加固土路面	2.0～4.0
整齐石块路面	1.5～2.5	低级路面	3.0～5.0

非机动车道、人行道横坡度一般采用单面坡。横坡度为 1.0%～2.5%。

(2) 路拱

将路面横向分段设置成不同的横坡而形成的路面轮廓形状称为路拱。车行道路拱的形状，一般多采用凸形双向横坡，由路中央向两边倾斜，拱顶高出路面边缘的高度称为路拱高度，如图 7-26 所示。

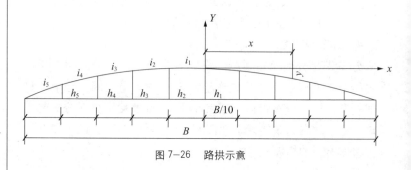

图 7-26 路拱示意

路拱曲线的基本形式有抛物线形、直线接抛物线形和折线型三种。

3. 城市道路横断面的布置形式

"一块板"断面：把所有车辆都组织在同一车行道上行驶，规定机动车在中间，非机动车在两侧，按靠右侧规则行驶，如图 7-27 (a) 所示。这种横断面形式又称单幅路或混合式断面。

"两块板"断面：用一条分隔带或分隔墩从道路中央分开，使往返交通分离，同向交通仍组织在同一车行道上行驶，如图 7-27 (b) 所示。这种横断面形式又称双幅路或分向式断面。

"三块板"断面：用两条分隔带或分隔墩把机动车或非机动车交通分离，把车行道分隔成三块，中间为双向行驶的机动车道，两侧为方向彼此相反的单向行驶非机动车道，如图 7-27 (c) 所示。这种横断面形式又称三幅路或分车式断面。

"四块板"断面：在三块板断面的基础上增设一条中央分隔带，使机动车分向行驶，各车道均为单向行驶，如图 7-27 (d) 所示。这种横断面又称四幅路或分车分向式断面，是最理想的道路横断面布置形式。

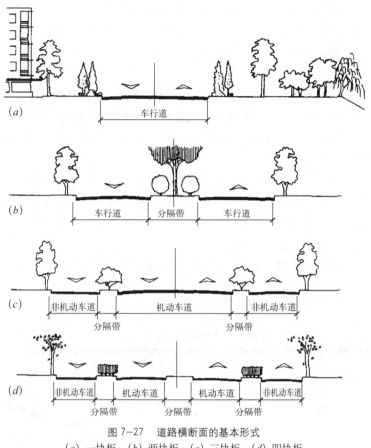

图 7-27 道路横断面的基本形式
(a) 一块板；(b) 两块板；(c) 三块板；(d) 四块板

7.5.2 道路横断面的内容与识读

1. 公路路基横断面图

公路路基横断面图是在路线中心桩处作一垂直于路线中心线的断面图。它的作用是为了表达各中心桩处横向地面起伏以及路基形状、尺寸、边坡、边沟及截水沟等。工程上要求在每一中心桩处根据测量资料和设计要求顺次画出每一个路基横断面图，用来计算公路的土石方量和作为路基施工的依据。

2. 公路路基横断面图的形式基本上有三种。

（1）路堤：即填方路基如图 7-28（a）所示。在图下注有该断面的里程桩号、中心线处的填方高度以及该断面的填方面积。

图中边坡 1：m 可根据岩石、土壤的性质而定。1：m 表示边坡的倾斜程度，m 值越大，边坡越缓；m 值越小边坡越陡。

路堤边坡坡度对一般土壤可采用 1：1.5。路堤浸水侧的边坡，应考虑到浸水影响。

（2）路堑：即挖方路基如图 7-28（b）所示。在图下注有该断面的里程桩号、中心线处的挖方高度以及该断面的挖方面积。

路堑边坡一般土壤为 1：0.5～1：1.5。一般岩石为 1：0.1～1：0.5。

（3）半填半挖路基：是前两种路基的综合，如图 7-28（c）所示。图下仍注有该断面的里程桩号、中心线处的填（挖）方高度以及该断面的填（挖）方面积。

3. 城市道路横断面图

城市道路横断面图是道路中心线法线方向的剖面图。它是由

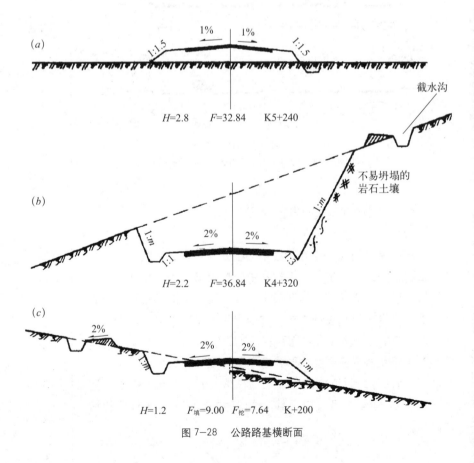

图 7-28　公路路基横断面

车行道、绿化带、分隔带和人行道等几部分组成，地上有电力、电信等设施，地下有给水管、污水管、燃气管和地下电缆等公用设施，如图 7-29 所示。图中要表示出横断面各组成部分及其相互关系。设计时为了计算土石方工程量和施工放样，与公路横断面图相同，需绘出各个中心桩的现状横断面，并加绘设计横断面图，标出中心桩的里程和设计标高，即所谓的施工横断面图。图 7-30 为城市道路标准横断面图。

公路路基及城市道路横断面图的比例，一般视道路等级要求及路基断面范围而定，一般采用 1∶100 或 1∶200。

7.5.3　城市道路横断面图示例

图 7-30 为某城市道路横断面图，比例为 1∶150，为两块板断面，由车行道、中央分隔带、人行道和绿化带三个部分组成。各部分的宽度分别为 20m、4m、16m，道路红线宽度为 40m。车行道路拱采用直线路拱，横坡为 2%。

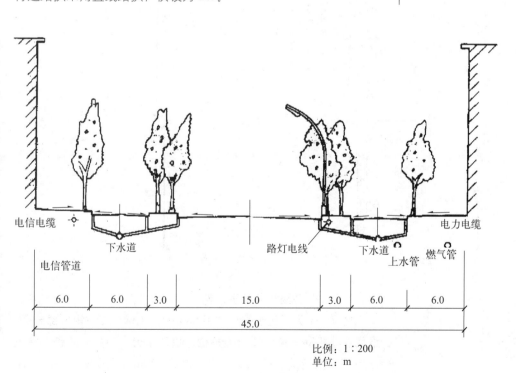

图 7-29　城市道路横断面图

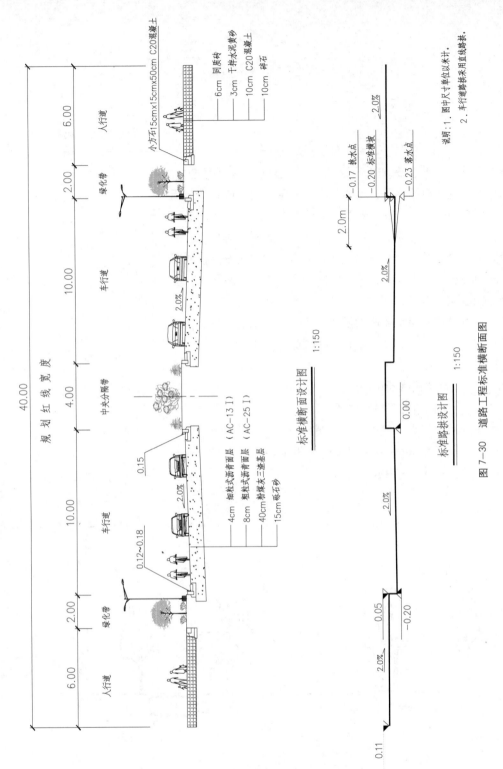

图 7-30 道路工程标准横断面图

7.5.4 公路横断面图示例

图 7-31 为平庄公路标准横断面图，比例见图，组成部分有：路肩、非机动车道、波形梁护栏、机动车道、中央分隔带。中央分隔带采用特殊规格侧石，高出路面 25cm。机动车道、非机动车道横坡为：2% 双向横坡（路拱采用修正三次抛物线），路肩采用 3% 直线横坡。

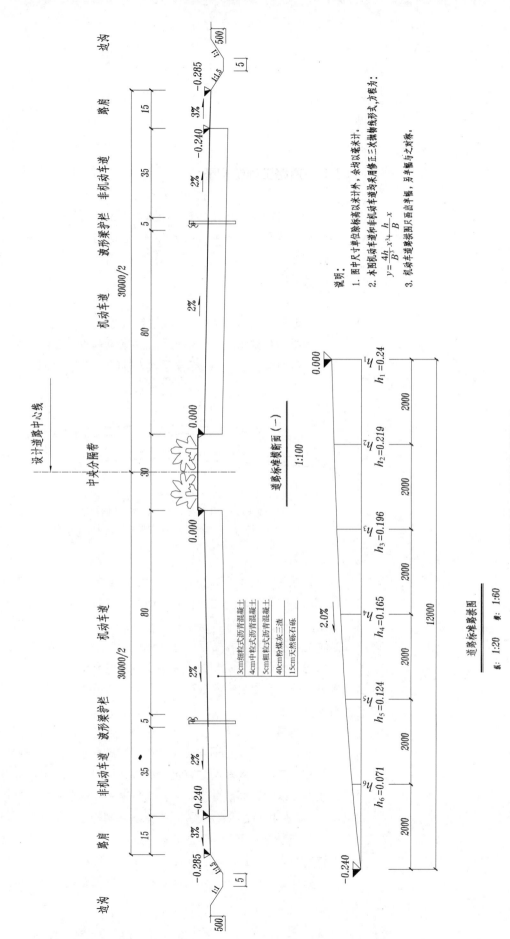

图 7-31 平庄公路横断面图

7.6 道路工程结构图

公路与城市道路路面是在路基表面上用各种不同材料或混合料分层铺筑而成的一种层状结构物，它的功能不仅是提供汽车在道路上能全天候的行驶，而且要保证汽车以一定的速度，安全、舒适而经济地运行。

7.6.1 路面结构及其层次划分

根据使用要求、受力情况和自然因素等作用程度不同，把整个路面结构自上而下分成若干层次来铺筑，如图 7-32 所示。

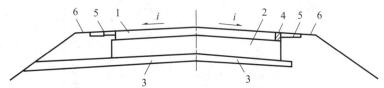

图 7-32　路面结构层次划分示意图
i—路拱横坡度；1—面层；2—基层（有时包括底基层）；
3—垫层；4—路缘石；5—加固路肩；6—土路肩

1. 面层

面层是直接同行车和大气接触的表面层次，行车荷载的垂直力、水平力和冲击力的作用以及雨水和气温变化对面层的不利影响是最大的。面层应具备较高的结构强度、刚度和稳定性，且应当耐磨、不透水，表面还应有良好的抗滑性和平整度。

修筑面层所用的材料主要有：水泥混凝土、沥青混凝土、沥青碎（砾）石混合料、砂砾或碎石掺土或不掺土的混合料以及块石等。

2. 基层

基层主要承受由面层传来的车辆荷载垂直力，并把它扩散到垫层和土基中，故基层应有足够的强度和刚度。基层还应有平整的表面，以保证面层厚度均匀。基层遭受大气因素的影响较面层小，但难于阻止地下水的浸入，要求基层结构应有足够的水稳性。

修筑基层所用的材料主要有：各种结合料（如石灰、水泥或沥青等），稳定土或稳定碎（砾）石，素混凝土，天然砂砾，各种碎石或砾石，片石、块石或圆石，各种工业废渣所组成的混合料以及它们与土、砂、石所组成的混合料等。

3. 垫层

介于基层和土基之间，主要作用是改善的湿度和温度状况，保证面层和基层的强度稳定性和抗冻胀能力，扩散由基层传递来的荷载应力，减少土基变形。

修筑垫层所用的材料要有较好的水稳定性和隔热性。常用的材料有两类：一类是用松散粒料，如砂、砾石、炉渣、片石或圆石等组成的透水性垫层；另一类是由整体性材料如石灰土或炉渣石灰土等组成的稳定性垫层。

图 7-30 所示为一个典型的路面结构示意图。值得注意的是：实际上路面并不一定都具有那么多的结构层次。

7.6.2 路面结构施工图识读

路面结构施工图常采用断面图的形式表示其构造做法。表 7-1 列出了路面结构常用材料图例。路面结构根据当地气候条件不同有所区别，图 7-33 所示为我国华东地区干燥及季节性潮湿地带常用的几种典型公路路面构造。图 7-34 所示为机动车道路面结构大样图。

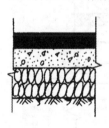
沥青混凝土（中）3～5
黑色碎石（或沥青）贯入碎石 4～8
碎砾石 10～20

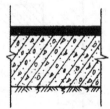
沥青混凝土（粗）或黑色碎石 3～5
三渣（石灰、水淬渣、碎石或石灰、煤渣、碎石）30～40

(a)

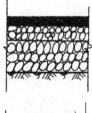
路拌渣油（沥青）级配碎（砾）石 2.5～4
泥结碎（砾）石 8～15
碎（砾）石 8～15

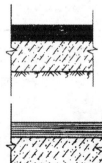
路拌渣油（沥青）级配碎（砾）石 2.5～4
石灰煤渣、石灰砾石土或石灰土 15～25

渣油（沥青）表面处治 1.5～3
泥结碎（砾）石 8～15
碎（砾）石 8～15

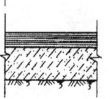
渣油（沥青）表面处治 1.5～3
石灰煤渣、石灰砾石土或石灰土 15～25

(b)

图 7-33 公路路面结构（cm）（一）

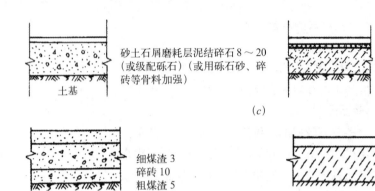

图 7-33 公路路面结构 (cm)（二）
(a) 高级路面；(b) 次级路面；(c) 中级路面；(d) 低级路面

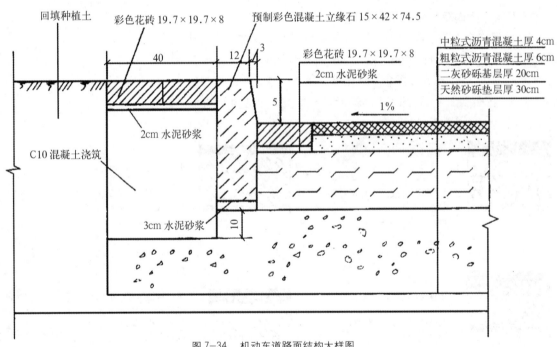

图 7-34 机动车道路面结构大样图

图 7-35 所示为平庄公路路基结构图，本工程处于平原地区，根据沿线的地质资料及工程建设经验，路基填土高度控制在 2.5m 左右，考虑高填土造成的路面沉降过大，采用粉煤灰间隔填土。粉煤灰路堤的边坡采用土质护坡，护坡水平方向厚度不小于 1.0m。

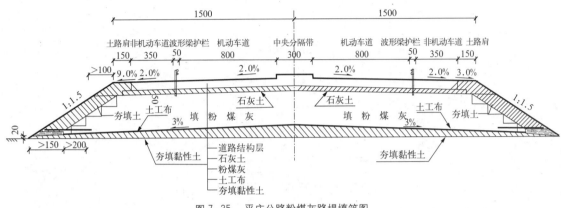

图 7-35 平庄公路粉煤灰路堤填筑图

坡脚处设置碎石排水层,并在其进口处设置土工布作滤层,以防粉煤灰流失。图中尺寸单位以厘米计。

7.7 道路工程交叉口

在城市中,由于道路的纵横交错而形成很多交叉口。相交道路各种车辆和行人都要在交叉口处汇集、通过或转向而相互影响和干扰,不但会使车速降低影响通行能力,而且也容易发生交通事故。因此交叉口是道路交通的咽喉,交通是否安全、畅通很大程度上取决于交叉口。

7.7.1 平面交叉口的形式

平面交叉口的形式,决定于道路网的规划、交叉口用地及其周围的地形和地物情况,以及交通量、交通性质和交通组织。常见的交叉口形式有:十字形、T字形、X字形、Y字形、错位交叉和复合交叉(五条或以上道路的交叉口)等几种,如图7-36所示。

上述6种平面交叉的形式中,最基本的形式是T字形交叉和十字形交叉,其他形式可以看做是由这两种形式变形而成的。由于这两种交叉形式简单、视线良好、行车安全、用地经济,我国各类道路的平面交叉口大多数采用这两种形式。

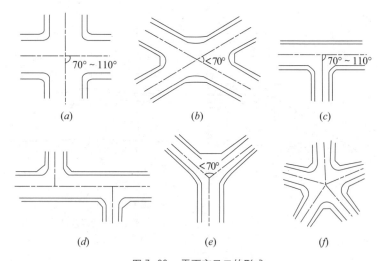

图 7-36 平面交叉口的形式
(a) 十字形交叉口；(b) X 字形交叉口；(c) T 字形交叉口；
(d) 错位交叉口；(e) Y 字形交叉口；(f) 复合交叉口

7.7.2 交叉口施工图的识读

1. 交叉口施工图的识读要求

交叉口施工图是道路施工放线的依据和标准，因此施工前一定要将施工图所表达的内容全部弄清楚。施工图一般是把交叉口平面设计图和交叉口竖向设计绘制在同一张图内。

(1) 了解设计范围和施工范围。

(2) 了解相交道路的坡度和坡向。

(3) 了解道路中心线、车行道、人行道、缘石半径、进水等位置。

(4) 交叉口立面设计图识读要求。

(5) 了解路面的性质及所用材料。

(6) 掌握旧路现况等高线和设计等高线。

(7) 了解胀缝的位置和胀缝所用材料。

(8) 了解方格网的尺寸。

2. 交叉口施工图示例（图 7-37、图 7-38）

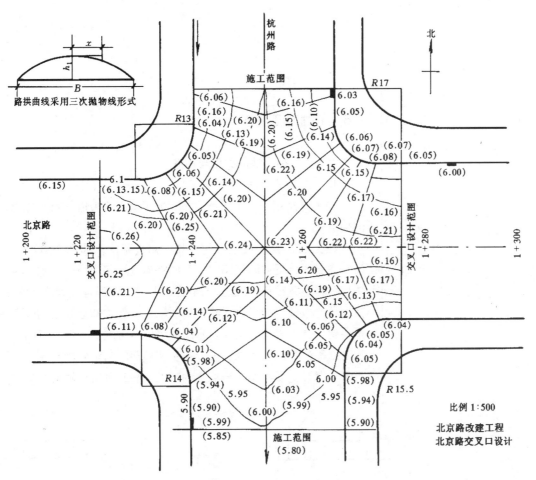

图 7-37 北京路交叉口设计图

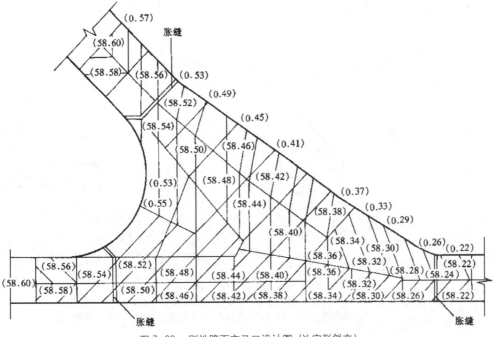

图 7-38 刚性路面交叉口设计图（Y 字形斜交）

7.8 挡土墙工程图

7.8.1 挡土墙的类型与用途

1. 挡土墙的用途

挡土墙是用来支撑天然边坡和人工填土边坡以保持土体稳定的构筑物。

挡土墙设置的位置不同，其作用也不同，如图 7-39 所示。设置在高填路堤或陡坡路堤下方的路肩墙或路堤墙，它的作用是防止路基边坡或基底滑动，确保路基稳定，同时可收缩填土坡脚，减少填方数量，减少拆迁和占地面积，以保护临近线路的既有的重要建筑物。设置在滨河及水库路堤傍水侧的挡土墙，可防止水流对路基的冲刷和浸蚀。设置在堑坡底部的为路堑挡土墙，主要用于支撑开挖后不能自行稳定的边坡，同时可减少刷方数量，降

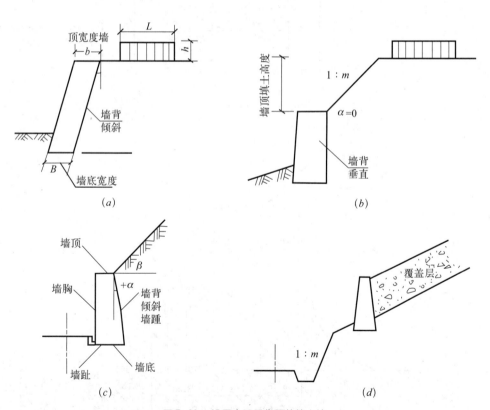

图 7-39 设置在不同位置的挡土墙
(a) 路肩挡土墙；(b) 路堤挡土墙；(c) 路堑挡土墙；(d) 山坡挡土墙

低刷坡高度。设置在堑坡上部的山坡挡土墙,用于支挡山坡土可能塌滑的覆盖层或破碎岩层,有的兼有拦石作用。设置在隧道口或明洞口的挡土墙,可缩短隧道或明洞长度,降低工程造价。设置在出水口四周的挡土墙可防止水流对河床、池塘边壁的冲刷,防止出水口堵塞。

2. 挡土墙的类型

按支撑土压力的方式不同,挡土墙分为:重力式挡土墙、锚定式挡土墙、薄壁式挡土墙、加筋挡土墙。

重力式挡土墙(图7-40)是以自身重力来维持挡土墙在土压力作用下的稳定。重力式挡土墙可用石砌或浇筑混凝土建成,一般都做成简单的梯形。

重力式挡土墙可根据其墙背的坡度分为直立、俯斜、仰斜三种类型。

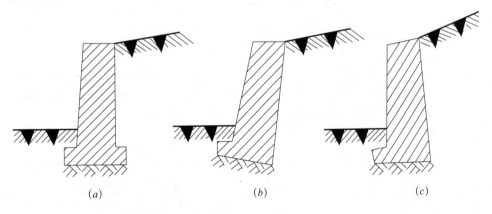

图7-40　重力式挡土墙
(a) 直立式；(b) 俯斜式；(c) 仰斜式

锚定式有锚杆式和锚定板式两种。

锚杆式挡土墙是一种轻型挡土墙(图7-41),主要由预制的钢筋混凝土立柱、挡土板构成墙面,与水平或倾斜的钢锚杆联合组成,锚杆的一端与立柱连接,另一端被锚固在山坡深处的稳定岩层或土层中。一般多用于路堑挡土墙。

锚定板式挡土墙的结构形式与锚杆式基本相同,只是将锚杆的锚固端改用锚定板,埋入墙后填料内部的稳定层中(图7-42)。它主要适用于缺乏石料地区的路肩式或路堤式挡土墙,不适用于路堑式挡土墙。

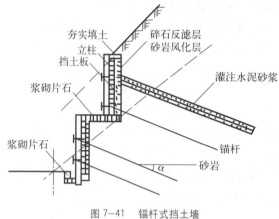

图 7-41 锚杆式挡土墙

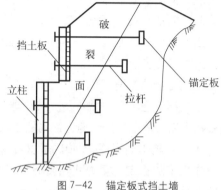

图 7-42 锚定板式挡土墙

薄壁式挡土墙是钢筋混凝土结构,包括悬壁式和扶壁式两种主要形式。悬壁式挡土墙(图 7-43)的一般形式是由立壁和底板组成,具有三个悬壁,即立壁、趾板和踵板。

扶壁式挡土墙(图 7-44)与悬壁式挡土墙基本相同,但一般用在墙身较高处,沿墙长每隔一定距离加筑肋板(扶壁)连接墙面板及踵板。它们自重轻、圬工省,适用于墙高较大的情况,但须使用一定数量的钢材,经济效果较好。

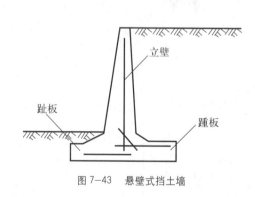

图 7-43 悬壁式挡土墙

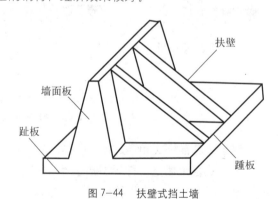

图 7-44 扶壁式挡土墙

7.8.2 挡土墙工程图

1. 挡土墙正面图

挡土墙正面图一般注明了各特征点的桩号,以及墙顶、基础顶面、基底、冲刷线、冰冻线、常水位线或设计洪水位的标高等。

挡土墙平面图还注明伸缩缝及沉降缝(避免因地基不均匀沉

陷而引起墙身开裂）的位置、宽度、基底纵坡、路线纵坡等。

挡土墙还注明泄水孔（主要是为了迅速排除墙后积水）的位置、间距、孔径等，如图7-45所示。

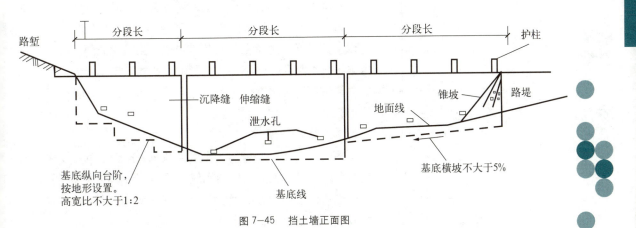

图7-45 挡土墙正面图

2. 挡土墙横断面图

挡土墙横断面图一般要说明墙身断面形式、基础形式和埋置深度、泄水孔等，如图7-46所示。

7.9 排水管道工程图

7.9.1 排水管道系统概述

1. 排水种类

水在通过人类生活和生产使用后，受到不同程度的污染，变成污废水。城市污废水按其来源不同可分为：生活污水、工业废水和降水。

（1）生活污水：是指人们日常生活中用过的水。它来自住宅、公共场所、机关、学校、医院、商店以及工厂中的生活间部分。生活污水一般不含有毒物质，但是它有适于微生物繁殖的条件，含有大量细菌和病原体，从卫生学角度来看具有一定的危害性，这类污水需要经过处理后才能排入水体、灌溉农田或再利用。

（2）工业废水：是指工业生产过程中产生的废水、污水和废液，其中含有随水流失的工业生产用料、中间产物和产品以及生产过程中产生的污染物。随着工业的迅速发展，废水的种类和数量迅

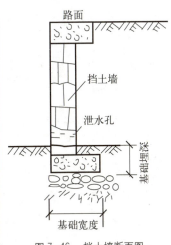

图7-46 挡土墙断面图

猛增加，对水体的污染也日趋广泛和严重，威胁人类的健康和安全。对于保护环境来说，工业废水的处理比城市污水的处理更为重要。

(3) 降水：是指在地面流泻的雨水和冰雪融化的水。这类水大部分比较清洁，一般不需处理，可直接就近排入水体。

以上污废水必须得到及时的排放或送到污水处理厂进行处理后再排放，否则就会破坏环境，影响城市的可持续发展。污废水排放主要由市政排水管道来完成，市政排水管道包括管渠及一些附属构筑物。

2. 排水体制

城镇的污废水可以采用一个管道系统来排除，也可以采用两个或两个以上各自独立的管道系统来排除，污水的这种不同排除方式所形成的排水系统，称为排水系统的体制，简称排水体制。排水体制一般分合流制和分流制两种类型。

(1) 合流制排水系统：是将生活污水、工业废水和降水在同一个管渠内排除的系统，有直泄式合流制、全处理式合流制和截流式合流制。直泄式合流制是将雨污混合污水不经处理直接排泄到水体中；全处理式合流制是将雨污混合污水汇集后全部输送到污水处理厂处理后再排放。这两种合流制都不宜采用，前者对水体产生污染大，后者不经济。截流式合流制是指设有截流干管、溢流井和污水处理厂的排水系统，如图7-47所示。晴天和初降雨时，所有雨污混合水都排送至污水处理厂处理后排入水体；雨量变大时，混合污水的流量超过截流干管的输水能力后，就有部分混合污水经溢流井溢出直接排入水体，国内外在改造老城市的合流制排水系统时，通常采用这种方式。

(2) 分流制排水系统：是将生活污水、工业废水和雨水分别在两个或两个以上各自独立的管渠内排除的系统，有污水排水系统和雨水排水系统。污水排水系统是排除生活污水和工业废水的；雨水排水系统是排除雨水的，如图7-48所示。

3. 排水管道系统的组成

(1) 生活污水排水系统的组成：由室内管道系统及卫生设备、室外污水管道系统、污水泵站及压力管道、污水处理厂、排出口等组成，如图7-49所示。

(2) 雨水管道系统的组成与布置形式：雨水系统承担排除城

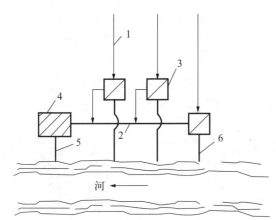

图 7-47 截流式合流制排水系统
1—合流干管；2—截流主干管；3—溢流井；
4—污水处理厂；5—出水口；6—溢流出水口

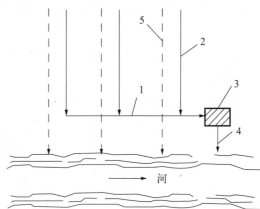

图 7-48 分流制排水系统
1—污水干管；2—污水主干管；
3—污水处理厂；4—出水口；5—雨水干管

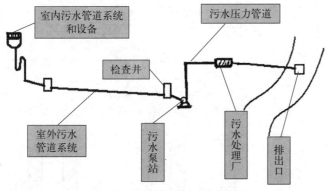

图 7-49 生活污水排水系统示意图

镇的雨水、雪水，包括冲洗街道和消防用水。主要由房屋雨水管道系统和设备、室外雨水管道系统、排洪沟、雨水泵站和出水口组成。

4. 排水管材及附属构筑物

市政排水管道有雨水管道、污水管道和合流管道。其管材一般有铸铁管、钢筋混凝土管、塑料管(UPVC、FRPP 和 HDPE 管等)、玻璃钢夹砂管等。

附属构筑物主要有雨水口和检查井两种：

(1) 雨水口：一般由基础、井身、井口、井箅等部分组成。其水平截面一般为矩形，如图 7-50 所示。按照集水方式的不同，雨水口可分为平箅式、立箅式与联合式。

平箅式就是雨水口的收水井箅呈水平状态设在道路或道路边沟上，收水井箅与雨水流动方向平行，如图7-51所示。

立箅式就是雨水口的收水井箅呈竖直状态设在人行道的侧缘石上。井箅与雨水流动方向呈正交，如图7-52所示。

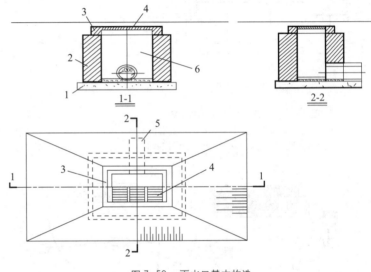

图7-50 雨水口基本构造

1—基础；2—井身；3—井箅圈；4—井箅；5—支管；6—井室

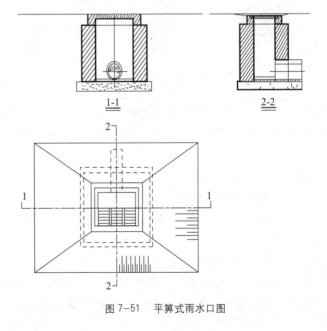

图7-51 平箅式雨水口图

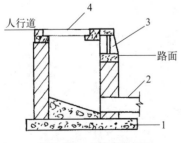

图7-52 立箅式雨水口

1—基础；2—支管；3—井箅；4—井盖

联合式就是雨水口兼有上述两种吸水井算的设置方式，其两井算成直角。联合式雨水口又分成单算式和双算式，如图7-53所示。

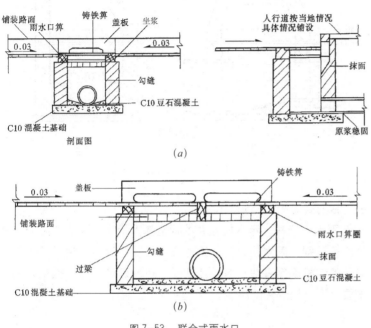

图7-53 联合式雨水口
(a) 单算雨水口；(b) 双算雨水口

(2) 检查井：检查井的平面形状一般为圆形，大型管渠的检查井也有矩形或扇形的。一般检查井的基本构造可分为基础部分、井身、井口、井盖。检查井的基础一般由混凝土浇筑而成；井身由井室、收口及井筒构成，多为砖砌，内壁须用水泥砂浆抹面，以防渗漏；井口、井盖多为铸铁制成。检查井的井口应能够容纳人身的进出，井室内也应保证下井操作人员的操作空间，如图7-54所示。

检查井内上、下游管道的连接，是通过检查井底的半圆形或弧形流槽，按上下游管底高程顺接。这样，可以使管内水流在过井时，有较好的水力条件。流槽两侧与检查井井壁之间的沟肩宽度，一般不应小于20cm，以便维护人员下井时立足。设在管道转弯或管道交汇处的检查井，其流槽的转弯半径，应按管线转角的角度及管径的大小确定，以保证井内水流通顺。一般检查井内

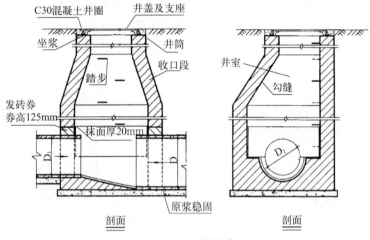

图 7-54 圆形检查井

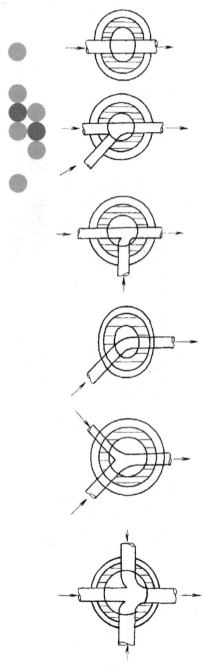

图 7-55 检查井内流槽形式

的流槽形式如图 7-55 所示。

雨水检查井、污水检查井的构造基本相同，只是井内的流槽高度有差别，雨水检查井的流槽高度一般与管中心相平；污水检查井的流槽高度一般与管内顶相平。也就是说，污水检查井的流槽要比雨水检查井的高些。

7.9.2 排水管道施工图识读

排水管道施工图一般由平面布置图、纵断面图、详图及施工说明等组成。

1. 平面图

排水平面图是以城镇地形图为基础，表明排水管道平面布置情况的图纸，一般包括以下内容：

（1）建筑总平面图表明城区的地形状况，建筑物、道路、道路中心线桩位置、绿化等的平面布置及标高状况等；

（2）排水管道的平面布置、规格、数量、坡度、流向等；

（3）检查井、雨水口、污水出水口等附属构筑物的平面布置位置、规格等。

图 7-56 为某道路排水管道平面施工图，南面有一根距道路中心线 10.5m 的雨水管道，起点检查井 Y_{01} 位于西端，桩号为 K0+003，每段管道均表明其管径、长度、坡度、流向，道路两侧的雨水口，用连管接入雨水管道检查井；北面有一根

距道路中心线 10.5m 的污水管道，起点检查井 W_{01} 位于西端，桩号为 K0＋090，每段管道均表明其管径、长度、坡度、流向。其主要工程量统计见表 7-4。

2. 纵断面图

纵断面图，一般与平面图对应，由图形和资料表两部分构成，图形部分表示出地面高程线和管道高程线，检查井及支管接入位置以及其他地下构筑物交叉位置等；资料表部分一般表示出检查井编号、管径、管长、管材、地面标高、管内底标高、埋深、管道坡度、管道接口形式及基础类型等。其中，管内底埋深指的是地面到管道内底的距离，它等于设计地面标高减去管内底埋深。

图 7-57、图 7-58 为对应图 7-56 平面图的污水管、雨水道纵断面图。图形部分的横向比例为 1：500，纵向比例为 1：100。其中污水管道的 01 和 06 号检查井有支管接入，雨水管道的 01、04 和 07 号检查井有支管接入；资料表部分表示出地面设计标高、管内底埋深、管内底标高、坡度/管长、管道基础、管径、检查井编号、检查井规格、检查井间距、桩号数据。

3. 详图

排水管道详图主要是一些构筑物施工详图，如雨水口、基础、雨水检查井和污水检查井等，一般为标准图，见图集。

图 7-59 为对应表 7-4 中的圆形雨水检查井 $\phi1500$（图集号 02S515-17）的详图。平面图中表示了检查井进水干管 D_1、进水支管 D_2、出水干管 D 平面位置，检查井内径为 1500mm，井盖是直径为 700 mm 铸铁制品。1-1 剖面图中表示了检查井基础直径为 2080mm 的 C10 混凝土，以及铁爬梯的宽度和高度。2-2 剖面

主要工程量一览表　　　　表 7-4

序号	名称	规格（mm）	材料	单位	数量	备注
1	钢筋混凝土排水管	$d800$	混凝土	米	232.83	—
2	钢筋混凝土排水管	$d300$	混凝土	米	136.83	—
3	圆形雨水检查井	$\phi1500$	砖混	座	7	详见 02S515-17
4	圆形污水检查井	$\phi1000$	砖混	座	6	详见 02S515-21
5	偏沟式单箅雨水口	—	砖混	个	20	详见 05S518-1-7

注：本表中只统计了雨水和污水干管。

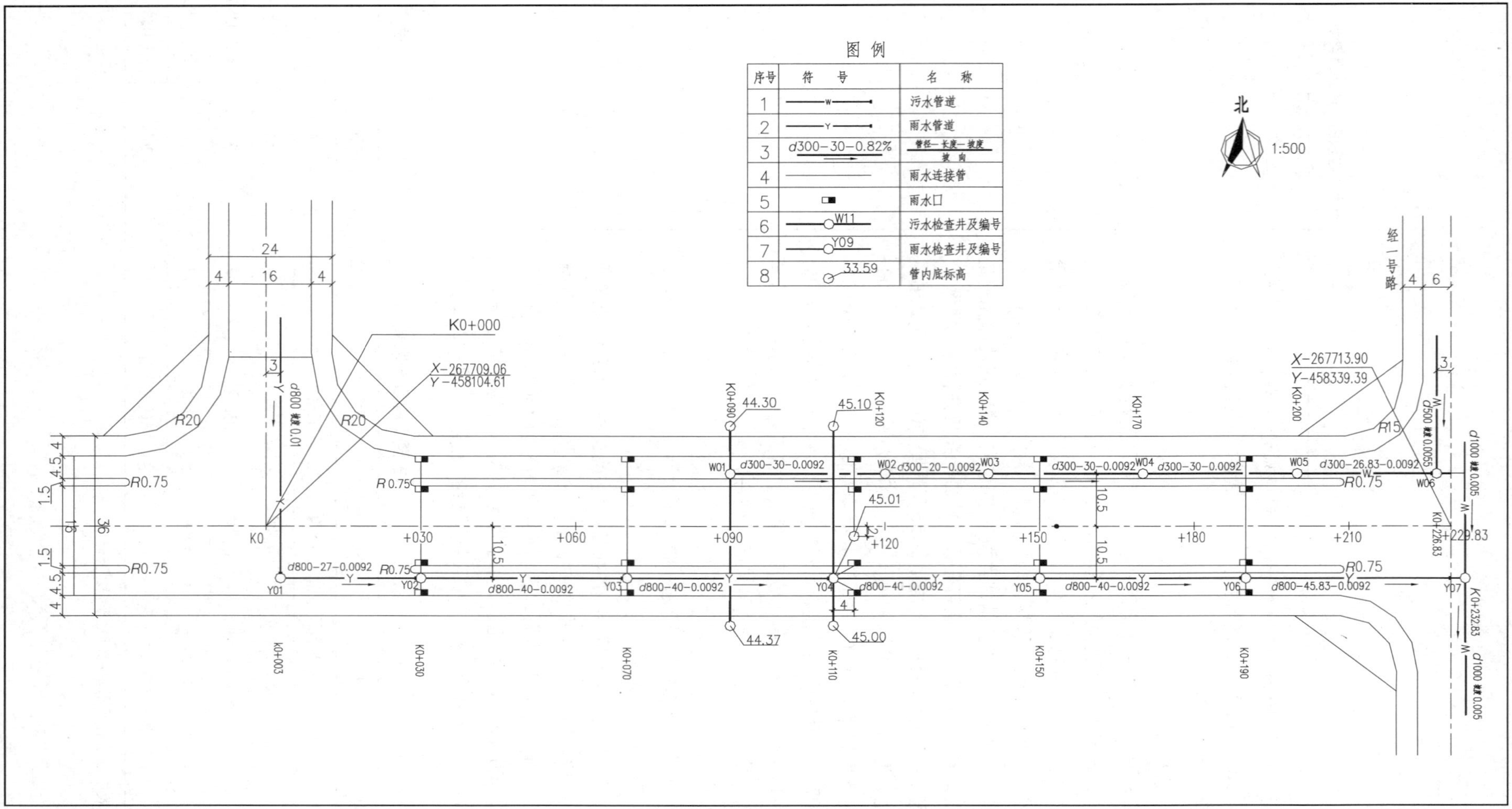

图 7-56 排水管道平面图

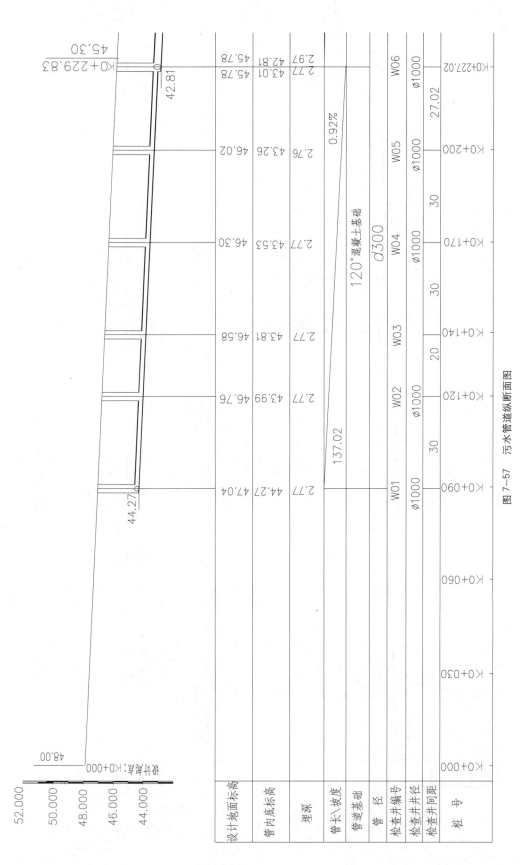

图 7-57 污水管道纵断面图

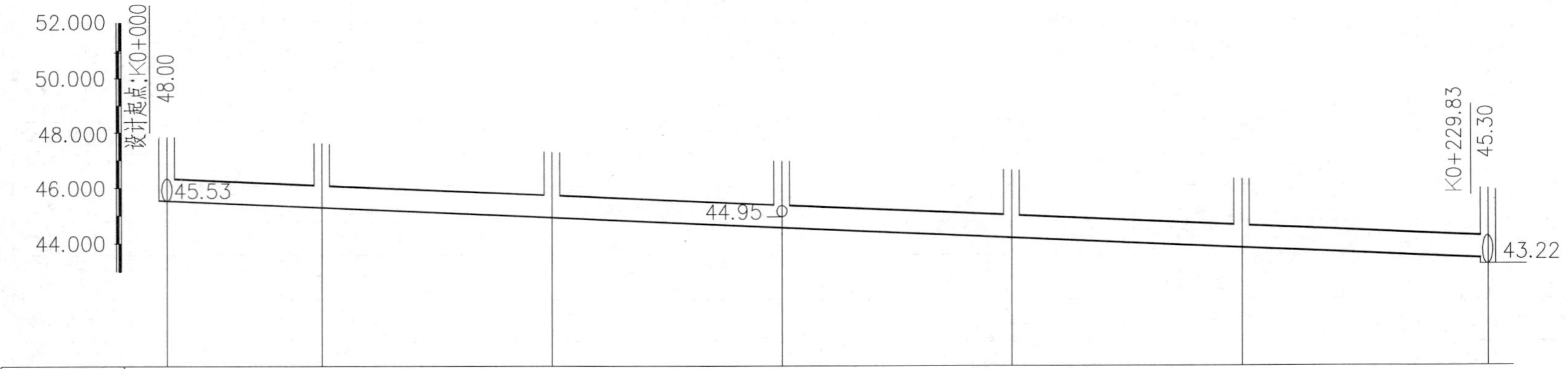

设计地面标高	管内底标高	埋深	管长、坡度	管道基础	管径	检查井编号	检查井井径	检查井间距	桩号
47.84	45.53	2.31			Ø1500	Y01	Ø1500	27	K0+003
47.59	45.29	2.30			Ø1500	Y02	Ø1500		K0+030
			232.83					40	
47.22	44.92	2.30		120°混凝土基础 d800	Ø1500	Y03	Ø1500		K0+070
			0.92%					40	
46.85	44.55	2.30			Ø1500	Y04	Ø1500		K0+110
								40	
46.48	44.18	2.30			Ø1500	Y05	Ø1500		K0+150
								40	
46.12	43.81	2.31			Ø1500	Y06	Ø1500		K0+190
								40	
45.72	43.22	2.50			Ø1500	Y07	Ø1500		K0+232.83

图 7-58 雨水管道纵断面图

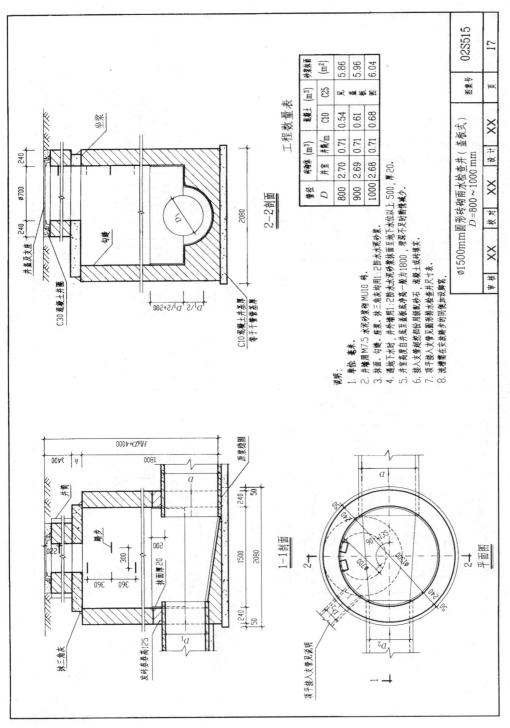

图 7-59 圆形雨水检查井

图主要表示出井底流槽高度为 D_1 管径的 1/2，井壁厚度为 240mm 等。1—1 和 2—2 剖面图共同表示了井内壁在 D_1 管上 200mm 以下用 1：2 水泥砂浆抹面，厚度为 20mm。

图 7-60 为对应表 7-4 中的圆形污水检查井 $\phi1000$（图集

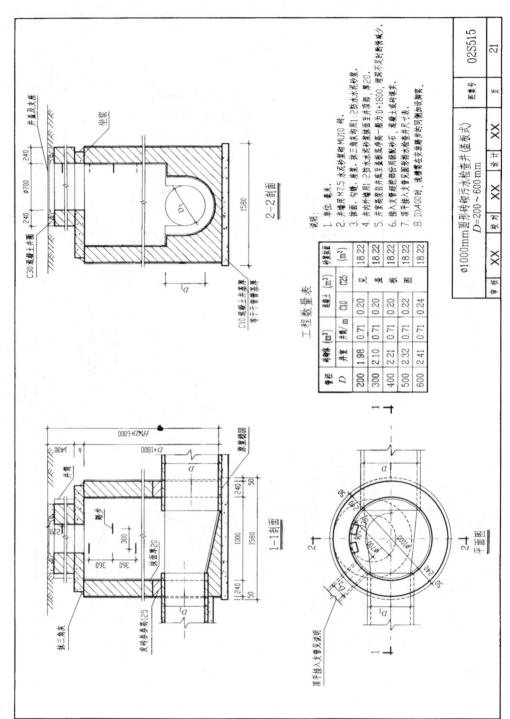

图 7-60 圆形污水检查井

号 02S515-21）的详图。图样表达内容基本上与雨水检查井一样，只是井底流槽高度不同，为管径 D_1。

4. 施工说明：在施工图上表达不清楚的内容用文字加以说明。

例：

施工说明

1. 图中尺寸单位：高程、距离以米计，管径、井径以毫米计。

2. 纵断面图中设计路面高程为管线所在位置相对应的设计路面高程，在施工中应以道路设计为准，交叉口范围内检查井的路面高程以道路交叉口竖向设计路面高程为准。

3. 排水管道及检查井放线：以道路桩号及管道与道路中心线的距离进行放线；道路交叉口以标注的尺寸进行放线。

4. 预留支管：雨水预留支管采用 d400 的钢筋混凝土管，坡度为 0.5%；污水预留支管采用 d300 的钢筋混凝土管，坡度为 0.3%；预留支管检查井直径均为 ϕ1000，井中心位置于红线外 2m。

5. 雨水口：采用偏沟式单箅雨水口，详见 95S518-1-7，当雨水口连接 1 个雨水口时，采用 d200 钢筋混凝土排水管；当雨水口连接 2 个雨水口时，采用 d300 钢筋混凝土排水管；连接管坡度为 0.01，基础为 120°混凝土基础，雨水口深为 0.7～1.0m。

6. 管材、基础及接口：采用合格的平口式钢筋混凝土排水管，当 0.7m≤管顶覆土深度 H≤3.5m 时，基础为 120°素混凝土；当 4.0m<管顶覆土深度 H≤6.0m 时，基础为 180°素混凝土。采用钢丝网水泥砂浆抹带接口，详见国标图集 04S516。

7. 检查井：井盖顶标高以相应位置的道路设计地面标高为准，位于绿化带中的检查井采用 ϕ700 轻型铸铁井盖和井座；位于机动车道上的检查井采用 ϕ700 重型铸铁井盖和井座，详见国标图集 97S501-1。

8. 排水管管槽回填土密实度要求详见国标图集 04S516。

9. 管道基础：在施工时必须使基础与管道结合良好，以保证在受力的条件下共同作用。

10. 管道施工时应严格按《给水排水管道工程施工及验收规范》（GB 50268-2008）的有关规定进行施工。

训练活动 1　　　　道路工程图识读

一、活动目的

本项活动的目的是：通过学习相关知识后，对道路工程平面施工图、纵断面施工图、横断面施工图进行识读，完成识读报告。

二、步骤及方法

1. 识读道路工程平面施工图（图7-61）

（1）识读图纸的标题栏，如：图纸编号、项目名称、图名及比例等；

（2）识读指北针、识读道路的路线走向及桩号的变化；

（3）识读路线上的直线段及弯道，找出JD_2的控制点桩号，并识读其曲线要素。

2. 识读道路工程纵断面施工图（图7-62）

（1）识读图纸的标题栏，如：图纸编号、项目名称、图名及比例等；

（2）识读纵断面图的图样部分：

1）水平方向与竖直方向的含义；

2）熟悉识读图中的地面线及设计线；

3）读出图中凸形和凹形竖曲线的曲线要素及其三交点的设计位置和设计高程。

（3）识读纵断面图的资料表部分：

1）识读工程各桩点处原地面标高、设计标高及相应的填挖高度；

2）识读路线纵向坡度的变化及变坡角，变坡点桩号及标高；

3）识读路线平面线形的变化。

3. 识读道路工程横断面施工图

（1）识读标准横断面设计图（图7-63）

1）识读图纸的标题栏如：图纸编号、项目名称、图名及比例等；

2）识读图纸的设计说明；

3）识读该道路横断面的布置形式，即识读横断面的各组成部分及其宽度，并计算出道路红线的宽度；

4）识读车行道的横坡及路拱形式；

5）识读人行道侧平石尺寸。

（2）识读施工横断面设计图（图7-64）

1）识读图纸的桩号范围；

2）计算道路中心与两侧路面的高差；

3）识读桩号K0+120处，原地面标高、设计标高，并计算挖方面积。

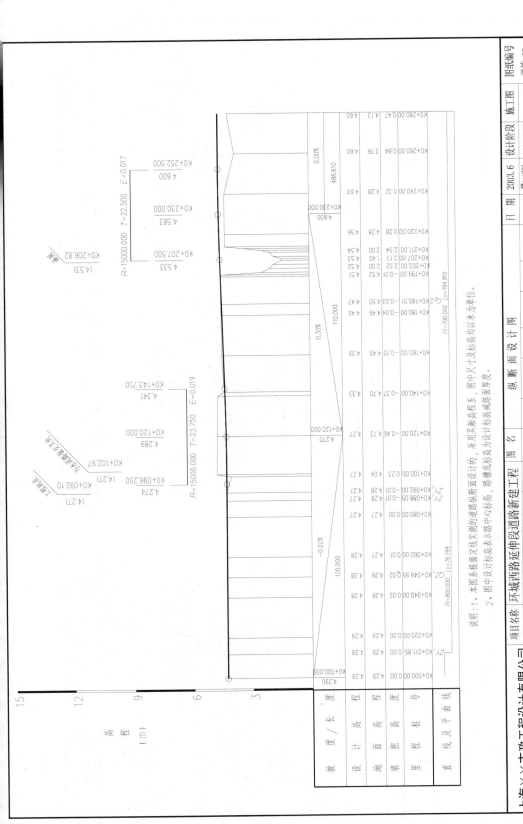

图 7-62 某道路工程纵断面图

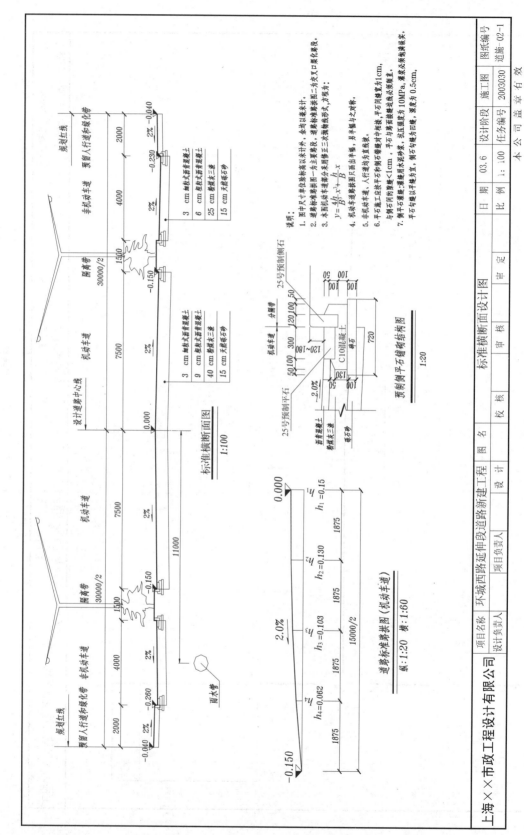

图 7-63 某道路工程标准横断面设计图

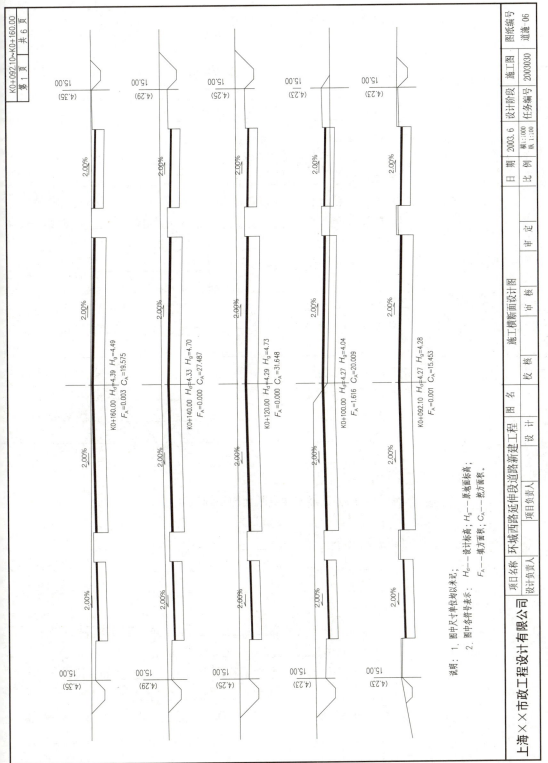

图 7-64 某道路施工横断面设计图

三、道路工程平面图识读报告

1. 这是 _____ 工程的路线设计图，道路平面图的比例为 _____，图纸编号为 _____，设计阶段为 _____。

2. 道路的基本走向为 _____ 走向，图中的地形、地物有：_____，管涵的位置在 _____，直径为 _____。雨水口的图例符号为 _____，挑水点的图例符号为 _____，图中每间隔 _____m 设置一处雨水口，每间隔 _____m 设置一处挑水点。

3. 图中线形从中间往外分别是 _____。非机动车道宽度为 _____，人行道宽度为：_____。

4. 图中 JD_1 _____（不属于，属于）道路设计范围，JD_1（有，没有）设计缓和曲线，其平曲线要素分别为 T = _____，L = _____，E = _____，R = _____，a = _____。JD_2 设置了缓和曲线，缓和曲线的长度为 _____，JD_2 的控制点桩号有 _____ 个，分别为 _____。曲线要素 L = _____，T_1 = _____，T_2 = _____，E = _____。

四、道路工程纵断面图识读报告

1. 纵断面中横坐标表示各桩点的 _____，纵坐标表示各桩点的 _____，图中所有比例为水平方向采用 _____，垂直方向则采用 _____。不规则折线表示设计中心线处的 _____，由规则的直线与曲线组成的线为 _____。

2. 从图中可以看出 _____ 处，是与本路相交的水泥支路，在 K_____ 处是一个涵洞。

3. 工程起点处原地面标高为 _____ m，设计标高为 _____ m，填挖高度为 _____ m。

4. 该纵断面图中共有 _____ 个凸形竖曲线，_____ 个凹形竖曲线，凸曲线要素 R=_____，T=_____，E=_____，纵坡分别为 _____ 和 0.00%，转坡点桩号为 _____，标高为_____。

5. 坡度和坡长栏表明：从 K0 + 120 至 K0 + 230 段纵坡为_____的_____（上坡、下坡、平坡），K0 + 000 至 K0 + 120 段纵坡为_____。

6. 直线与平曲线栏表明：道路沿路线前进方向_____转（向左、向右），圆曲线起点桩号 ZY_1_____，QZ_1_____，YZ_1_____，半径 R=_____，曲线长_____。

五、道路工程横断面图识读报告

1. 本次设计中横断面由_____四个部分组成，各部分宽度分别为_____、_____、_____、_____，道路红线宽为_____。

2. 机动车道路拱采用_____形式，横坡为_____，人行道侧石高度为_____。与两侧路面的高差为_____。

3. 该道路横断面布置形式采用_____布置形式。

4. 桩号 K0 + 120 处，原地面标高为_____，设计标高为_____，该断面的填方面积为_____，挖方面积为_____。

5. 机动车道路面施工结构为_____、_____、_____。非机动车道路面施工结构为：_____、_____。

训练活动 2　　排水管道施工图识读

一、活动目的

本项活动中，给定某排水管道工程平面图，通过对排水管道施工图进行识读，完成表格的填写、相关图集的查找和污水管道纵断面图的绘制工作，以提高对排水管线工程图的识读和绘图能力，以及资料查找能力。

二、步骤及方法

1. 识读排水管道平面图

图7-65（见插页）为市政某道路排水管道平面图，有两根雨水管道和一根污水管道，先读图例，然后对标题栏、指北针、管道的平面位置、桩号、管径、管长、雨水口、检查井尺寸、标高等内容进行识读，并填表7-5。

2. 绘制污水管道纵断面图

根据平面图污水管道各检查井处的地面标高、管内底标高及管径等信息，绘制1～6号检查井污水管段的纵断面图，横向比例为1∶500，纵向比例为1∶50。

主要工程量一览表　　　　　　　　　　　　　表7-5

序号	名称	规格（mm）	材料	单位	数量	备注

图例：

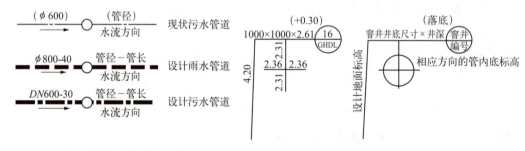

注：GHDL为路名"规划东路"的汉语拼音第一个字母。

单元 8
桥涵工程图识读

> **学习要点**
>
> 1. 了解桥涵工程结构的基本知识；
> 2. 了解桥位平面图、桥位地质断面图、桥型总体布置图的内容和特点；
> 3. 掌握墩台图的内容和特点，能识读桥墩的结构图；
> 4. 掌握钢筋混凝土简支梁图的内容和特点，能识读简支梁结构图和钢筋构造图，了解钢结构图的内容和特点；
> 5. 了解涵洞工程图的内容和特点，能识读涵洞工程图。

8.1 概述

桥涵是桥梁和涵洞的总称，桥涵是为了车辆、行人顺利通过河流、山谷或其他交通线路等障碍而建造的工程建筑物。我们先来认识几种桥梁，图 8-1 是贵州北盘江大桥，铁路凌空飞越，跨越 300m 深大峡谷；图 8-2 是广州市内环路高架桥，桥梁从高楼林立的市区穿过；图 8-3 是杭州湾跨海大桥，桥梁平面呈美丽的 S 形曲线在万顷波涛中蜿蜒，是目前建成的世界上最长、工程量最大的跨海大桥，全长 36 公里；图 8-4 是德国马格德堡桥，是跨越河流的大型渡槽桥，桥上既可以走人，也可以行船，桥下流水。

桥梁的形式类别多彩纷呈，上述四种桥梁仅仅是桥梁世界里

图 8-1　贵州北盘江大桥

图 8-2　城市高架桥

图 8-3 杭州湾跨海大桥

图 8-4 德国马格德堡桥

的一瞥。若要深入学习桥涵,能够顺利识读桥涵工程图,就需进一步了解桥涵工程结构的基本知识。

8.1.1 桥涵的分类

桥涵的分类方法很多,基本的分类方法是按照工程规模和结构体系划分。

1. 按工程规模划分

根据桥梁多孔跨径总长 L_Z 和单孔跨径 l_K 将桥梁划分为:特大桥、大桥、中桥、小桥、涵洞,见表 8-1。这是我国公路和城市桥梁级别划分的依据。

桥梁涵洞按跨径分类　　　　　　　　表 8-1

桥涵分类	多孔跨径总长 L_Z（m）	单孔跨径 l_K（m）
特大桥	$L_Z > 1000$	$l_K > 150$
大桥	$100 \leqslant L_Z \leqslant 1000$	$40 \leqslant l_K \leqslant 150$
中桥	$30 < L_Z < 100$	$20 \leqslant l_K < 40$
小桥	$8 \leqslant L_Z \leqslant 30$	$5 \leqslant l_K < 20$
涵洞		$l_K < 5$

注:1. 单孔跨径是指标准跨径;
　　2. 梁、板式桥的多孔跨径总长为多孔标准跨径的总长;拱式桥为两岸桥台内起拱线之间的距离;其他形式桥梁为桥面系车道长度;
　　3. 管涵及箱涵不论管径或跨径大小、孔数多少,均称为涵洞。

2. 按桥梁的结构体系划分

根据结构体系及其受力特点,桥梁可划分为梁式桥、拱式桥、刚架桥（刚构桥）、悬索桥（吊桥）、斜拉桥、组合体系桥六种形式的结构体系。不同的结构体系对应于不同的力学形式，表现出不同的受力特点。

（1）梁式桥

梁式桥实际工程中应用广泛，其特点是：结构简单、受力明确、图形较简单，进一步细分有简支梁、悬臂梁、连续梁。图8-5为简支梁桥。

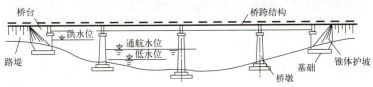

图8-5 简支梁桥示意图

（2）拱式桥

拱式桥（图8-6）造型美观，主拱圈（其截面形式可以是实体矩形、肋形、箱形、桁架等）是曲线形的拱。在竖向荷载作用下，拱主要承受轴向压力，拱台承受较大的水平推力。

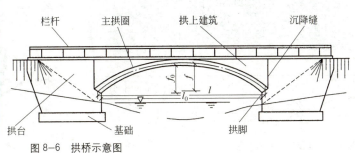

图8-6 拱桥示意图

(3) 刚架桥

刚架桥（也称为刚构桥）是指梁与立柱（斜腿）或竖墙整体刚性连接的桥梁（图8-7）。其主要特点是：立柱（斜腿）具有较大的抗弯刚度，可分担梁部跨中弯矩，达到减薄梁厚度、增大桥下净空的目的。适用于建筑高度要求较严的城市或公路跨线桥。

(4) 悬索桥

悬索桥（也称为吊桥）主要由索（又称缆索）、塔架、锚碇、加劲梁等组成，如图8-8所示。悬索桥的主要承重结构为缆索，缆索通常用高强度钢丝制成圆形大缆，其抗拉强度高，故悬索桥的跨越能力在各种桥型中名列前茅。

(5) 斜拉桥

斜拉桥（图8-9）是由梁、塔架和斜索（拉索）组成，结构形式多样，造型优美壮观。在竖向荷载作用下，梁以受弯为主，塔以受压为主，斜索则承受拉力。梁体被斜索多点扣拉，表现出弹性支承连续梁的特点。因此，梁体厚度可以减薄，减轻了自重并节省了材料。斜拉桥的跨越能力仅次于悬索桥。

(6) 组合体系桥

将上述几种结构形式进行合理的组合应用，即形成组合体系桥梁，如图8-10所示。相对而言，组合体系的设计和施工较为复杂。

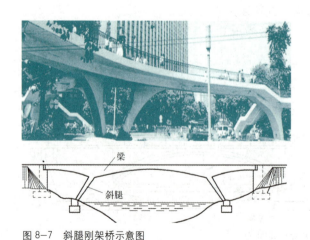

图8-7 斜腿刚架桥示意图   图8-8 悬索桥示意图

8.1.2 桥梁结构的组成

桥梁一般由上部结构（也称桥跨结构）和下部结构组成，如图 8-11 所示。

1. 桥梁上部结构

承担线路荷载，跨越障碍。由桥面系、主要承重结构和支座组成。

图 8-9 斜拉桥示意图

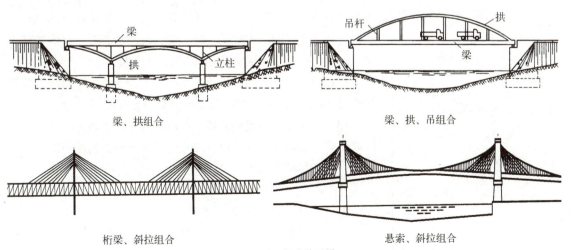

图 8-10 组合体系桥

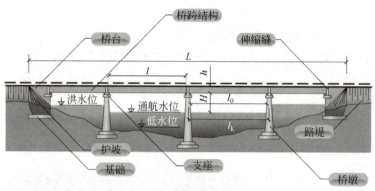

图 8-11 梁式桥基本组成

（1）桥面系。一般由桥面铺装、栏杆（防撞墙）、人行道、伸缩缝、防水排水系统、照明系统等组成。

（2）主要承重结构。它的作用是承担上部结构所受的全部荷载，并通过支座传给下部结构，例如梁式桥中的主梁，拱桥中的拱圈或拱肋，桁架梁桥中的主桁等。它是桥梁承载和跨越的重要部分。

（3）支座。设于桥墩、台顶部，支承上部结构并将荷载传给下部结构的装置。

2. 桥梁下部结构

是桥台、桥墩及桥梁基础的总称，用以支持桥梁上部结构并将荷载传给地基。桥台和桥墩一般合称墩台。

（1）桥台。位于桥梁的两端，支承桥梁上部结构，并使之与路堤平顺连接的建筑物，其功能是传递上部结构荷载于基础，并抵抗来自路堤的土压力。为了维持路堤的边坡稳定并将水流导入桥孔，除带八字形翼墙的桥台外，在桥台左右两侧筑有保持路肩稳定的锥体护坡，其锥体填土，坡面以片石砌筑。

（2）桥墩。位于多孔桥跨的中间部位，支承相邻两跨上部结构的建筑物，其功能是将上部结构荷载传至基础。

（3）桥梁基础。是桥梁最下部的结构，支承墩台，并将全部桥梁荷载传至地基。基底设置在具有足够承载力的地质层处，并要求有足够的埋置深度。

8.1.3 桥梁结构的名词术语

为了准确表达桥梁各部分尺寸的名称，需要规定一些专有名词，称为桥梁结构的名词术语，如图 8-11 所示。

1. 桥梁全长

沿桥梁中心线,两岸桥台侧墙尾端之间的水平距离(无桥台的桥为桥面系的行车道长度)称为桥梁全长或总长度 L。

2. 跨径

也叫跨度,表示桥梁的跨越能力。对多跨桥梁,最大跨径称为主跨。一般而言,跨径是表征桥梁技术水平的重要指标。

3. 净跨径

对梁式桥,设计洪水位线上相邻两桥墩(或桥台)间的水平净距 l_0,称为桥梁的净跨径。对于拱式桥是指每孔拱跨两拱脚截面最低点之间的水平距离。它反映桥梁排泄洪水的能力。

4. 计算跨径

同一孔桥跨结构相邻两支座之间的水平距离 l,称为计算跨径。桥梁结构的分析计算以计算跨径为准。

5. 标准跨径

对梁式桥,是指同一孔两相邻桥墩中线间水平距离或桥墩中线与台背前缘之间的水平距离,称为标准跨径 l_k,也称为单孔跨径。对于拱式桥和涵洞以净跨径为准。标准跨径是桥梁划分大、中、小桥、涵洞的指标之一。

6. 桥梁建筑高度

是指桥面路拱中心顶点到桥跨结构最下缘(拱式桥为拱脚线)的高差 h,称为桥梁建筑高度。城市多层立交桥对桥梁建筑高度有较严格的限制。显然,桥梁建筑高度不得大于容许建筑高度。

7. 桥梁高度

是指桥面路拱中心顶点到低水位或桥下线路路面之间的垂直距离,称为桥梁高度。

8.1.4 桥涵工程图的组成

完整的桥涵工程图纸,一般由以下 10 部分组成。

1. 目录

完整的工程图纸都装订成册,为阅读方便,编制详细的图名目录。

2. 工程设计说明

一般包括工程概况、设计依据、设计范围、设计指标、施工要求、验收规范等。

3. 桥（涵）位平面图

是表达桥梁在道路路线中的具体位置及桥位周围的河流、山谷等地形地物情况，它是桥梁平面定位放线的依据。

4. 桥位地质断面图

是表明桥位所在河床位置的地质断面情况的图样，该图为设计桥梁下部结构的形式和深度提供资料，也是确定桥梁基础施工方案的依据。

5. 桥型总体布置图

是由桥梁立面图、平面图和侧剖面图组成。图示出桥梁的形式、构造组成、跨径、孔数、总体尺寸、各部分结构构件的相互位置关系、桥梁各部分的标高、使用材料以及必要的技术说明等。

6. 桥梁下部结构及钢筋构造图

是表达桥梁墩台各部分详细结构的形式、尺寸以及结构内部钢筋配置情况的详图。

7. 桥梁上部结构及钢筋构造图

是表达桥梁上部如主梁、拱圈或拱肋、主桁、支座、桥面铺装、栏杆（防撞墙）、人行道、伸缩缝、防水排水系统、照明系统等各部分详细结构的形式和尺寸，以及结构内部钢筋配置情况的详图。

8. 桥梁附属工程结构构造图

如锥形护坡、导流护岸、河床铺砌、检查设备、台阶扶梯、导航装置等图纸。

9. 工程数量表

全桥主要工程数量表、结构各部分工程数量表。

10. 其他图表

大型桥梁或复杂结构需要有施工顺序图、安装示意图等。

本单元主要学习：桥（涵）位平面图；桥位地质断面图；桥型总体布置图；桥梁下部结构及钢筋构造图；桥梁上部结构及钢筋构造图的识读。

8.2 桥位平面图及地质断面图

桥梁工程图中的桥位平面图、桥位地质断面图，共同反映桥梁在平面上的具体位置和桥位处的地质水文状况。该图不反映桥梁的具体结构形式和内容，只是运用三视图的绘图原理和方法，结合专业图示符号按照一定比例绘制成图,目的是告诉你桥梁将建造在什么地方,这里的地质、水文状况是怎样的。

8.2.1 桥位平面图

在实地测绘的地形图上绘制出桥梁设计的具体位置及相关的技术数据,形成的图纸称为桥位平面图。桥位平面图是表达桥梁在道路路线中的具体位置及桥位周围的河流、山谷等地形地物情况,它是桥梁平面定位放线的依据。

1. 桥位平面图的识读

图 8-12 所示为致富桥桥位平面图,图中表明某道路经过清水河,设计在清水河上修建一座桥梁。河流左岸是大片的水稻田、旱地、村庄,河流右岸是果树林和较陡峭的山坡。设计的桥梁中心桩号为 K0 + 738。识读桥位平面图,还应注意以下内容。

(1) 图幅比例一般为 1∶200、1∶500、1∶1000 等。本图比例为 1∶500。

(2) 确定桥梁、路线及地形地物的方位采用平面坐标或指北针定位。

(3) 地形地物的图示方法与道路路线平面图相同,即等高线或地形点表现地形情况,图例表现地物情况,水准点用规定的符号表示位置、编号及高程。

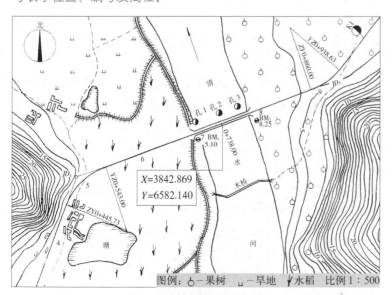

图 8-12 致富桥桥位平面图

(4）路线线形情况、里程桩号、路线控制点等，均与道路路线平面图相同。

(5）用图例符号表明桥梁位置和钻探孔的位置及编号。

2.桥位平面图的绘制要点

（1）测绘地形图或在已有的地形图上按比例绘制道路路线中线，用粗实线绘制。当选用较大比例尺时用粗实线表示道路边线，用细点画线表示道路中心线，注明里程桩号、控制点坐标等相关参数。

（2）用图例符号（细实线）绘出桥位、钻探孔位、水准点及编号。当选用大比例尺时，桥梁的长、宽均用粗实线按比例画出。

（3）标明图幅名称、比例、图标、指北针等内容。

8.2.2 桥位地质断面图

桥位地质断面图是表明桥位所在河床位置的地质断面情况的图样，是根据水文调查和实地钻探所得到的地质水文资料绘制的。如地质情况不复杂的河床，也可将地质情况用柱状图绘制在桥型总体布置图中的立面图左侧。该图为设计桥梁下部结构的形式和深度提供资料，也是确定桥梁基础施工方案的依据。

1.桥位地质断面图的识读

图8-13为致富桥桥位地质纵断面图，是在图8-12中的桥梁中线的位置处切开后绘制的纵断面图。从图8-13可以看出该河流的水位变化情况，河床地质有黄色黏土、淤泥质砂质粉土、暗绿色黏土以及土层厚度及变化情况。识读桥位地质断面图，还应注意以下内容。

（1）为了显示地质及河床深度变化情况，标高方向的比例比水平方向的比例大。本图中水平方向的比例为1∶500；标高方向的比例为1∶200。

（2）图中根据不同的土层土质，用图例分清土层并注明土质名称；标明河床三条水位线，即常水位、洪水水位、最低水位，并注明具体标高；示出了钻探孔的编号、位置及钻探深度；标示出河床两岸控制点桩号及位置。

（3）图幅下方注明相关数据，一般标注的项目有：钻孔编号、孔口标高、钻孔深度、钻孔间的距离。

2.桥位地质断面图的绘制要点

（1）选择比较适宜的纵、横比例尺，根据钻探结果将每一孔

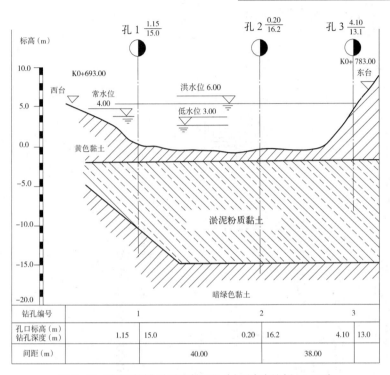

图 8-13 致富桥桥位地质纵断面图（水平方向比例 1∶500）

位的土质变化情况分层标出，每层土按不同的土质图例表示出来，并注明土质名称；河床线为粗实线，土质分层线为中实线，图例用细线画出。

（2）把调查到的水位资料进行标注，标注桥位控制点及桩号，对钻探孔位及相关参数进行标注。

（3）在图样左侧画出高程标尺及图样下方的资料部分。

（4）标注图名、比例、文字说明及其他相关数据等。

8.3 桥型总体布置图

桥型总体布置图是由桥梁立面图、平面图和侧剖面图组成。图示出桥梁的形式、构造组成、跨径、孔数、总体尺寸、各部分结构构件的相互位置关系、桥梁各部分的标高、使用材料以及必要的技术说明等，是桥梁施工中墩台定位、构件安装及标高控制的重要依据。图 8-14 所示为钢筋混凝土梁桥总体布置图。

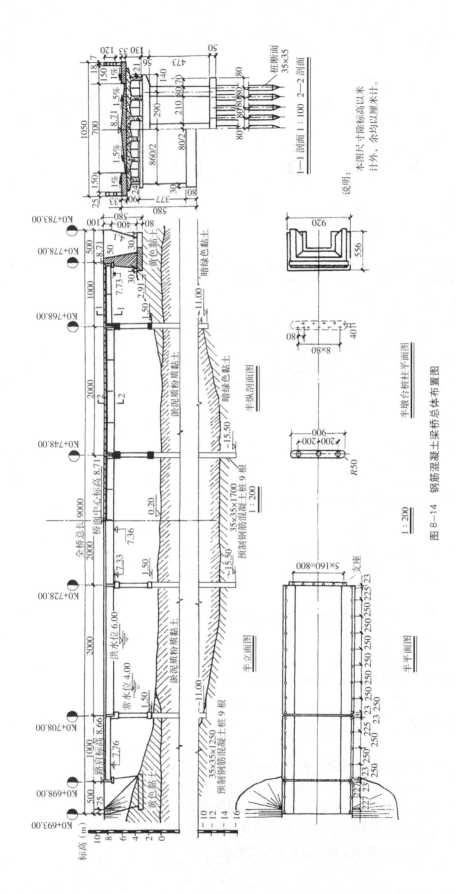

图 8-14 钢筋混凝土梁桥总体布置图

8.3.1　立面图识读

桥梁立面图图样一般采用半立面图和半纵剖面图结合表示的方法，两部分图样以桥梁左右对称轴线为分界线。图样表明桥梁的上下部结构形式、孔数、跨径等，反映出桥梁整体的纵向布置情况，如图 8-14 中半立面图和半纵剖面图所示。

（1）比例选择以能清晰反映出桥梁结构的整体构造为原则，一般采用 1：200 的比例尺。

（2）半立面图部分图示出桩的形式（35cm×35cm 钢筋混凝土方桩）及桩顶、桩底的标高，桥墩与桥台的立面形式、标高及尺寸，桥梁主梁的形式、梁底标高及相关尺寸，各控制位置如桥台起、止点和桥墩中线的里程桩号。

（3）半纵剖面图部分图示结构内容与半立面图相同，不同的是反映出了上下部结构内部的情况，如显示了主梁横梁的位置和数量、桥台前墙的截面形式。

（4）图示出桥梁所在位置的河床断面，用图例示意出土质分层，并注明土质名称。

（5）用剖切符号注出侧剖面位置，标注出桥梁中心桥面标高及桥梁两端标高，注明各部位尺寸及总体尺寸。

（6）图示出常年水位（洪水）、最低水位及河床中心地面的标高，在图样左侧画出高程标尺。

8.3.2　平面图识读

平面图图样一般都采用半平面图和半墩台桩柱平面图绘制。半墩台桩柱平面图部分，可根据不同图示内容的需要进行正投影，当图示桥台平面构造时，为去掉主梁时的投影图形；当图示桥墩的承台平面时，为承台以上盖梁以下位置作剖切平面，然后向下正投影所得到的图形；当图示桩位时，为承台以下作剖切平面所得到的图样，可以用虚线表示出承台位置，用"+"示意出桩位。

（1）图幅比例同立面图。

（2）平面图部分图示出桥面构造情况，如车行道、人行道、栏杆、道路边坡及锥形护坡、变形缝及各部分尺寸等；路线（即桥梁）中心线用细点画线表示。

（3）桥台及盖梁部分图示出盖梁平面形状及梁上设置的构造如抗震挡、支座等；注明有关尺寸；桥台位置视为无回填土时的正投影图样,注明相关尺寸。

(4) 承台平面部分图示出承台平面形状及尺寸,承台上设置的其他构造等。

(5) 桩柱平面部分图示出桩柱的位置、间距尺寸、数量,并用虚线表示出承台平面。当桥梁以中心线为对称时,可只画出半平面图;当桥梁下部构造比较简单时,半墩台桩柱平面图可只画上主梁情况下的投影图样。

8.3.3 侧剖面图识读

一般侧剖面图是由两个不同位置剖切组合构成的剖面图,反映出桥台及桥墩两个不同剖面位置,剖切位置是由立面图中的剖切符号决定的。左半部分图形反映桥台位置的横剖面;右半部分反映桥墩位置的横剖面。

(1) 为了清晰表示出侧剖面的桥梁构造情况,一般将比例放大到 1:100。

(2) 明确反映上部结构主梁形式和布置情况,反映桥面铺装、人行道、栏杆、排水构造、支座的布置和尺寸。

(3) 左半部分图示出桥台立面图形、构造尺寸,主梁截面按照钢筋混凝土剖面符号表示。

(4) 右半部分图示出桥墩及桩柱立面图形、构造尺寸、桩柱位置及深度、桩柱间距及该剖切位置的主梁情况;注明桩柱中心线、各控制位置高程。

综上所述,桥型总体布置图的识读是根据三视图的投影原理及剖面图、断面图的方法成图。分别读懂平面图、立面图、侧剖面图,然后核实各图之间的尺寸对应关系,结合文字说明,即可了解桥梁名称、桥梁类型、各部分结构形式及主要尺寸等技术指标。通过识读图 8-14 钢筋混凝土梁桥总体布置图,可以得到如下成果:

(1) 桥梁类型

钢筋混凝土简支梁桥。

(2) 上部结构

主梁是钢筋混凝土 T 梁,每孔有 6 片,全桥 5 孔共 30 片 T 梁。桥面路拱横坡 1.5%,两侧设有人行道和栏杆。

(3) 下部结构

桥台为重力式 U 形桥台，桥台基础厚度 80cm，横向宽度 920cm，桥台总高度 580cm；桥墩为桩柱式墩，全桥 4 座桥墩，每座桥墩由盖梁、3 根直径 80cm 圆柱、承台、9 根预制钢筋混凝土方桩组成；全桥共有圆柱 12 根，方桩 36 根。

盖梁厚度 56cm，圆柱高度 473cm。

承台厚度 50cm，每个桥墩 9 根桩分两排布置。

（4）主要技术指标

常水位标高 4.00m。

桥面中心标高 8.71m。

桩尖最深处标高 −15.50m。

桥面净宽 700 + 2×150cm。

桥梁总宽度 1050cm。

主孔标准跨径 2000cm。

边孔标准跨径 1000cm。

全桥总长度 9000cm。

（5）附属构造

桥台两侧设有锥形护坡。

8.3.4　桥型总体布置图绘制要点

（1）根据图幅大小，划分立面图、平面图、侧剖面图的范围，定出立面图对称轴线和平面图中心轴线，选择恰当的比例画出桥梁墩台中线、标高点位、控制点里程桩及主要结构轮廓线。

（2）按照三视图投影原理将主梁、桥台、桥墩、桩、各部位构件等按比例用中实线图示出来，并标注尺寸。用坡面图例图示出桥梁引路边坡及锥形护坡。

（3）桥梁半纵剖面图和侧剖面图要注意剖切位置，侧剖面图的比例尺一般比立面图、平面图大一倍。

（4）标注出河床标高、各水位标高、土层图例及必要的文字说明，注明图名、比例等。

8.4　桥梁下部结构图

桥梁下部结构包括桥梁桥台、桥墩及基础，用以支持桥梁上部结构并将荷载传给地基。桥台和桥墩一般合称墩台。

8.4.1 墩台结构类型

1. 桥墩分类

一类是重力式桥墩,如图 8-15 所示,由墩帽、墩身和基础构成。这类桥墩的主要特点是靠自身重力来平衡外力以保持其稳定。因此,墩身比较厚实,可以不用钢筋,而用天然石材或混凝土浇筑。它适用于地基良好的大、中型桥梁,或流水、漂浮物较多的河流中,其主要缺点是体积较大,因而其自重和阻水面积也较大。

另一类是轻型桥墩,如图 8-16 所示柱式桥墩,这类桥墩的刚度一般较小,受力后允许在一定范围内发生弹性变形,所用的材料大都以钢筋混凝土为主。柱式桥墩的结构特点是由分离的两根或多根立柱（或桩柱）组成,是目前桥梁中广泛采用的桥墩形式之一,图 8-17 所示的桥梁,下部结构采用的就是双柱式桥墩。采用这种桥墩既能减轻墩身重量,节约圬工材料,又较美观。

柱式桥墩一般由承台（或横系梁）、柱和盖梁组成。常用的形式有如图 8-16 所示单柱式（图 8-16（a））、双柱式（图 8-16（b））、哑铃式。（图 8-16（c））

图 8-15 重力式桥墩

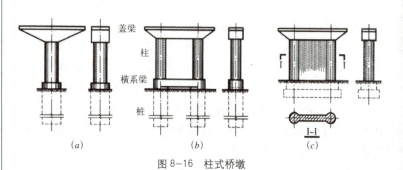

图 8-16 柱式桥墩

上部：钢筋混凝土简支梁；下部：钢筋混凝土双柱式桥墩

图 8-17 桥型实例

2. 桥台分类

桥台设置在桥梁两端，除了支承桥跨结构外，它又是连接两岸路堤的构筑物，既要能挡土护岸，又能承受台背填土及填土上车辆荷载所产生的附加侧压力。梁桥桥台可分为重力式桥台和轻型桥台，除了这两种外，还有组合式桥台和承拉桥台等。

重力式桥台（图 8-18）一般由台帽、台身（前墙和侧墙）及基础等组成，如图 8-18 (a) 所示。它主要靠自重来平衡台后的土压力，台帽支承桥跨，设有支承垫石和排水坡，它一般用钢筋混凝土做成；台身承托着台帽，并支挡路堤填土，它一般用石材或片石混凝土做成。此外，桥台上部应伸入路堤一定深度，以保证桥台和路堤的可靠连接。在路堤前端的填土应按一定坡度做成锥形，称锥体填土。

按截面形状的不同，重力式桥台的常用类型有 U 形桥台、埋置式桥台、耳墙式桥台。

8.4.2 桥墩结构图识读

重力式桥墩按其截面形式的不同又可分为重力式实体桥墩和重力式空心桥墩，如图 8-19 和图 8-20 所示。

(1) 图 8-19 是重力式实体桥墩，实体式桥墩由于结构尺寸大，可以承受很大的竖向荷载，一般不需要配置受力钢筋，常用石料砌筑，或用混凝土浇筑而成。实体式桥墩自重大，故可以靠自身重力保持稳定。图 8-19 重力式实体桥墩采用立面、平面、侧面三视图即可完整表达墩体各部分形状。基础是双层的长方体，下大上小；墩身是棱台体，四面斜坡向上收缩，坡度比为 20:1～30:1。墩帽为长方体，之上作四面散水的斜坡。

(2) 图 8-20 为重力式空心桥墩，由于要表达空心桥墩的内外结构形状，主视图采用半立面半剖面。从图中可以看出，墩身从下到上分为三段，分别用三个断面图表示，上下两段是实体，中间为空心结构，这样做符合墩身的受力特点。由Ⅰ-Ⅰ断面可以看到有小方孔，对照主视图可看出该方孔一直通到墩顶，是为桥墩检查预留的出入口。由主视图和Ⅱ-Ⅱ断面可以看出，空心段内部砌筑隔墙，墙之间都留有通孔，从主视图半剖面还可看到内部设有爬梯扶手。主视图中画有点画线，表示桥墩是左右对称结构。

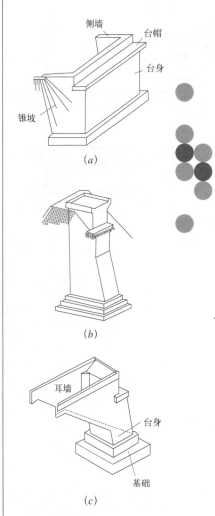

图 8-18 重力式桥台
(a) U 形桥台；
(b) 埋置式桥台；
(c) 耳墙式桥台

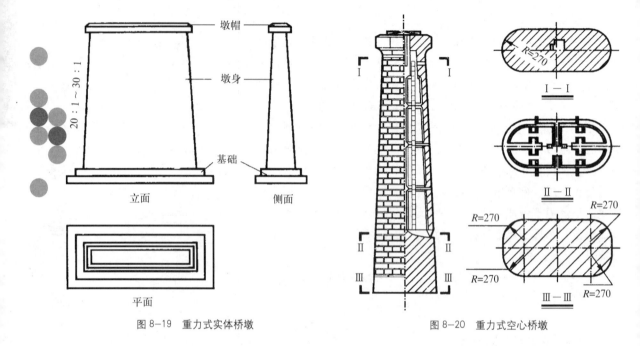

图 8-19 重力式实体桥墩　　　　图 8-20 重力式空心桥墩

(3) 图 8-21 桩柱式桥墩模型和图 8-22 桩柱式桥墩结构图对照阅读更容易理解桩柱式墩的结构。所不同的是图 8-21 模型图不但显示了立体结构，还反映了内部配置的钢筋构造；而图 8-22 桩柱式桥墩结构图只表达墩的外形结构，没有画出钢筋构造图。

从图 8-22 可以看出，桩柱式桥墩由盖梁、柱、横系梁和桩组成，地面以下的桩是基础。盖梁（也称为帽梁）在两柱之间是 120cm×110cm 的矩形梁，两柱之外是悬臂挑梁。盖梁之下的柱是直径 100cm 的圆柱，柱高 390cm。横系梁是断面为 70cm×100cm 的矩形梁。地面之下的桩是钻孔灌注桩，桩身直径 120cm，桩长由地基持力层的土质情况，经计算确定。盖梁、柱、横系梁、桩之间均为刚性连接，整体浇筑。

8.4.3　桥台结构图识读

桥台设置在桥梁两端并与路堤相连，桥台台身由前墙和两个侧墙组成，前墙之上设有台帽，台帽一般采用钢筋混凝土浇筑，用于安放上部结构的主梁或板。台身之下是基础。识读桥台各部分结构，应把图 8-23U 形桥台结构图和图 8-18 (a) 重力式桥台中的 U 形桥台对照阅读。

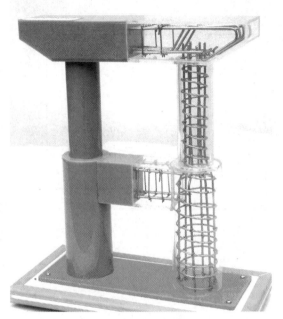

图 8-21 桩柱式桥墩模型

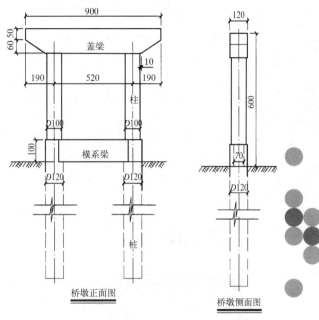

图 8-22 桩柱式桥墩结构图（图中尺寸均以 cm 计）

从图 8-23 U 形桥台结构图可以看出，立面图、平面图就是三视图中的主视图、俯视图，侧视图采用半台前和半台后视图合成，所谓台前就是站在河流一侧观察桥台的视图，台后就是站在路堤一侧观察桥台的视图。这样的画法半台后视图所反映的侧墙就不出现虚线，可以更方便标注尺寸。前墙和台帽在立面图中表达得最清楚，前墙是主要承受上部结构荷载的，侧墙是主要为了与路堤连接起挡土作用。在平面图中可以清楚地看出由前墙和侧墙围成的 U 形，基础做成 U 形，U 形内部填土夯实与路堤相连，保持桥台的整体稳定。

8.5 桥梁上部结构及钢筋构造图

梁桥上部结构的类型很多，在已建成的桥梁中，中小跨径的桥梁占了大多数，特别是城市桥梁中，以中小跨径的桥梁为主。中小跨径的桥梁中简支梁式桥是最常用的桥型。

按截面形式分，常见的有简支板、简支 T 梁、简支箱梁、组合简支梁。按施工方法分，有整体现浇板、预制安装板（梁）。

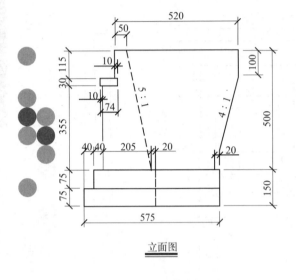
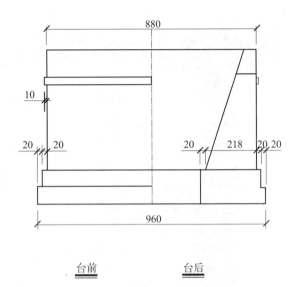

立面图　　　　　　　　　　　　台前　　　台后

说明：本图尺寸单位为cm。

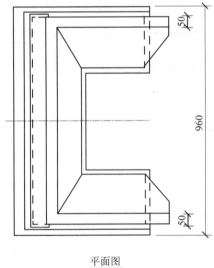

平面图

图 8-23　U 形桥台结构图

按是否施加预应力分,有预应力混凝土(板)梁桥、钢筋混凝土(板)梁桥。

本节只介绍梁桥中常见的简支板、简支梁及其钢筋构造图。为了学习的方便,我们先介绍钢筋在结构中的表示方法,然后再学习简支板、简支梁及其钢筋构造图。

8.5.1　钢筋构造图的表示方法

桥涵工程中的板、梁、柱、桩、拱圈、框架等构件,一般都是钢筋混凝土（或预应力混凝土）结构。为了把钢筋混凝土结构表达清楚，需要画出钢筋构造图。钢筋构造图明确表示钢筋在结构中的布置情况，是钢筋下料加工、绑扎或焊接和检验的重要依据。它应包括钢筋布置图中钢筋编号、尺寸、规格、根数、钢筋成型图和钢筋数量表及技术说明。

完整的钢筋构造图应该由钢筋配筋图、钢筋成型图和钢筋明细表组成。钢筋配筋图简称配筋图，或称为钢筋布置图（包括立面图和断面图），主要表达钢筋在结构中的位置和钢筋之间的相互关系；钢筋成型图也称为钢筋大样图，主要表达钢筋的种类、直径、形状和尺寸，它是钢筋下料和弯制成型的重要依据。钢筋明细表是对某一结构中所有钢筋的长度、根数、重量等的汇总表。

1. 钢筋的种类与符号

（1）应用于钢筋混凝土结构（包括预应力混凝土结构）上的钢筋，按其机械性能、加工条件与生产工艺的不同，一般可分为热轧钢筋、冷拉钢筋、热处理（调质）钢筋、冷拔钢丝四大类型，桥梁工程中常用的钢筋种类、符号、直径及外观形状见表8-2。

根据新的钢筋规范《钢筋混凝土热轧带肋钢筋》GB1499.2—2007规定，钢筋种类牌号表示为：HPB235、HRB335、HRB400等。HPB235指钢筋混凝土结构用热轧光圆钢筋，相当于旧规范的Ⅰ级钢筋；HRB335指钢筋混凝土结构用热轧带肋钢筋，相当于旧规范的Ⅱ级钢筋；HRB400指钢筋混凝土结构用热轧带肋钢筋，相当于旧规范的Ⅲ级钢筋。

（2）按照钢筋在结构中所起的作用，分为以下几种（图8-24）：

1）受力钢筋（主筋）：承受结构内力的主要钢筋；弯起钢筋也是受力钢筋。

常用钢筋的种类与符号表　　　　　表8-2

钢筋种类		图示符号	直径（mm）	外观形状
HPB235		ϕ	6～20	光圆
HRB335		Φ	8～25，28～40	带肋
HRB400		Φ	8～40	带肋
高强钢丝	冷拔	ϕ^b	2.5～5	光圆
	碳素	ϕ^s		
	刻痕	ϕ^k		
钢绞线		ϕ^j	7.5～15	钢丝绞捻

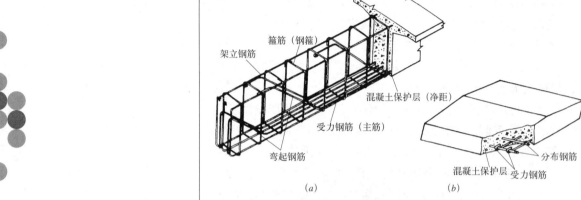

图 8-24 钢筋在混凝土结构中的种类名称
(a) 混凝土梁；(b) 混凝土板

2) 箍筋：主要起固定主筋位置的作用，也承担部分内力。

3) 架立钢筋：一般用在钢筋混凝土梁中，起固定箍筋位置并与主筋共同连成钢筋骨架的作用。

4) 分布钢筋：一般用在钢筋混凝土板中，用于固定受力钢筋的位置，并使荷载分布均匀，也能防止混凝土不均匀收缩和温度变化产生的裂缝。

5) 纵向防裂钢筋：一般用在钢筋混凝土 T 梁中，在主梁肋箍筋外侧布置，起防止混凝土不均匀收缩和温度变化产生裂缝的作用。

6) 其他钢筋：为了起吊安装或构造要求而设置的预埋或锚固钢筋等。

2. 混凝土保护层

许多工程中的钢筋混凝土结构物长期承受风吹雨打和烈日曝晒，为了防止钢筋裸露在大气中而锈蚀，钢筋外表面到混凝土表面必须有一定厚度，一般厚度为 1.5～3.5cm，这一层混凝土就称为钢筋的保护层，保护层厚度视不同的构件而异，具体数值可查阅有关设计资料或施工技术规范。

3. 钢筋在结构图中的表示方法

下面结合图 8-25 所示的钢筋混凝土梁钢筋构造图，介绍钢筋在图中的表示方法。图 8-25 中立面图表达了梁的长度、高度及钢筋布置的纵向状态和断面剖切位置；钢筋成型图，也称为钢筋大样图，表达了每种钢筋的根数、种类、规格、折弯形状及各

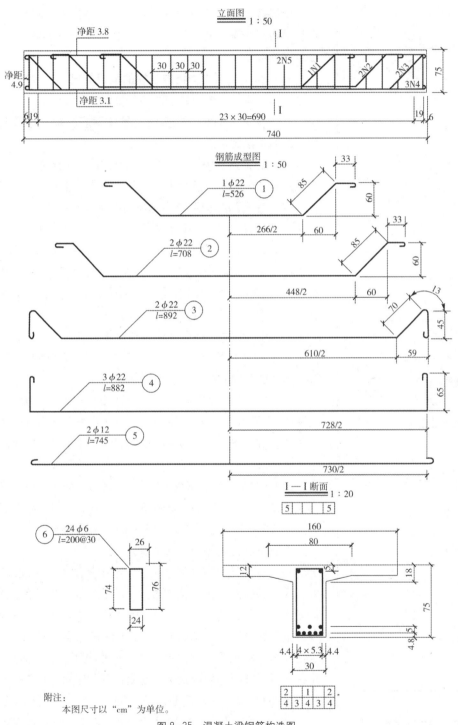

图 8-25 混凝土梁钢筋构造图

段长度等数据；I—I 断面图表达了梁的横断面形状和大小及纵向钢筋的布置情况，断面图的上、下各有一个小表格，表中的数字表示钢筋编号及其所在的位置。

(1) 为了突出结构物中钢筋的配置情况，一般把混凝土假设为透明体，将结构外形轮廓画成细实线。

(2) 钢筋纵向画成粗实线，其中箍筋较细，可画为中实线，钢筋断面用黑圆点表示。

(3) 当钢筋密集，难以按比例画出时，可允许采用夸张画法，当钢筋并在一起时，注意中间应留有一定的空隙。

(4) 在钢筋结构图中，对指向阅图者弯折的钢筋，采用黑圆点表示；对背向阅图者弯折的钢筋，采用"×"表示。

(5) 钢筋的标注：在同一构件中，为便于区别不同直径、不同长度、不同形状或不同尺寸的钢筋，应将不同类型的钢筋，按直径大小和钢筋主次加以编号并注明数量、直径、长度和间距。钢筋编号的标注有三种方法：

1) 用"根数 N 编号"注写在钢筋的侧面，给钢筋统一编号，一般在立面图中采用。如图 8-25 立面图中的 1N1、2N2、2N3、2N5 等及图 8-26 中（c）的标注方式。

2) 用引出线（细实线）加小圆圈统一编号，编号标注在小圆圈内，圆圈的直径 4～8mm。一般在钢筋大样图（钢筋成型图）中采用。如图 8-25 中①～⑥的标注式样和图 8-26（a）钢筋示方式所示。

3) 用小表格给钢筋统一编号，钢筋编号标注在细实线方格内，小表格必须与断面图的钢筋位置一一对应。一般在断面图中采用，如图 8-25 的 I—I 断面图及图 8-26 中（b）所示。

4. 钢筋在结构图中的尺寸标注

(1) 在配筋图中的尺寸标注：在配筋图中，一般标注构件的外形尺寸和钢筋的编号及定位尺寸，钢筋定位的间距尺寸界线是钢筋中心之间的距离。如图 8-25 立面图中表达的⑥号箍筋，第一个箍筋距离梁端为 25cm，之后各箍筋间距为 30cm，对于按一定规律排列的钢筋，定位尺寸一般只画出两、三个即可，箍筋间距统一以尺寸标注的形式标注在立面图的下边，如图中标注的 23×30＝690，"23"表示箍筋之间的"间隔数"，"30"表示箍筋的"间距"，即表明有 24 根（间隔数为 23）箍筋，间距为 30cm。在断

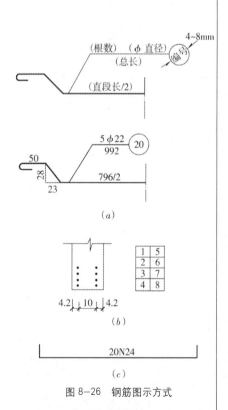

图 8-26 钢筋图示方式

面图中除标注构件断面形状尺寸外,也要注明钢筋定位尺寸。定位尺寸在断面图中也可用间距符号 @ 表示,如图 8-25 中⑥号钢筋用引出线标注为 24φ6,表示有 24 根直径 6mm 的钢筋,其中心间距 30cm。

(2) 在成型图中的尺寸标注:在钢筋成型图上,应逐段标出长度,尺寸数字直接写在各段旁边,不画尺寸线和尺寸界线。弯起钢筋的斜长不直接标出,习惯标出斜长的两个直角边长度,如图 8-25 所示。每根钢筋的大样还要用引出线标注钢筋直径、根数和设计长度,如图 8-25 中①号筋,设计长度 = 526(266 + 2(85 + 33) + 24)。式中 24cm 是两个 180° 半圆弯钩的增长值。

(3) 尺寸单位:建筑制图中,钢筋图中所有尺寸单位为毫米,路桥工程中钢筋直径单位为毫米,长度单位为厘米。

(4) 钢筋的弯钩与弯起:

1) 弯钩:对于受力钢筋,为了增加它与混凝土的粘结力,在钢筋的末端做成弯钩,弯钩的标准形式有直弯钩、斜弯钩和半圆弯钩(90°、135°、180°)三种,如图 8-27 所示。钢筋标注的直线段长度界线是"钢筋长度计算起止线",弯钩部分的"增

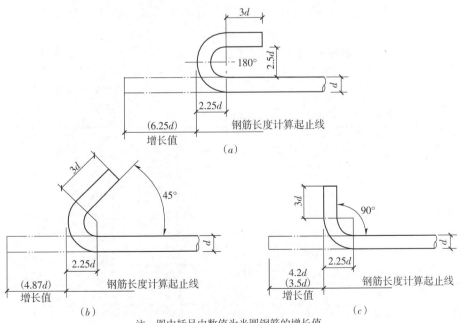

注:图中括号内数值为光圆钢筋的增长值。

图 8-27 钢筋标准弯钩示意图

(a) 半圆弯钩;(b) 斜弯钩;(c) 直弯钩

长值"(图中用双点画线表示),对于标准弯钩设计,弯钩的"增长值"与钢筋直径相关,半圆弯钩是 $6.25d$,斜弯钩是 $4.9d$,直弯钩是 $3.5d$。弯钩的"增长值"的精确数值也可直接查表 8-3 计算,它是计算钢材用量的依据。当钢筋弯钩为标准形式时,图中不必标注其详细尺寸;若弯钩或钢筋的弯曲是非标准设计,则必须在图中的另画详图并表明其形式和详细尺寸。

2) 弯起:在混凝土结构梁中配置的受力钢筋,根据内力的变化在一定截面需要将钢筋弯起(或称弯折),如图 8-28 所示。弯起处的圆弧长度比两切线长度之和要短,这时就产生了切曲差(两切线长度之和与圆弧长度的差值)。图纸中标注的钢筋长度是弯起处切线交点的直线段长度,因此,钢筋的实际长度应减去切曲差,切曲差也称为弯折修正值。常用的弯起角度是 45°或 90°,其修正值见表 8-4。施工中,钢筋准确下料时必须考虑这一因素,则钢筋下料长度=钢筋设计长度－弯折修正值。

5. 钢筋成型图

钢筋成型图是表示每根钢筋形状和尺寸的图样,是钢筋弯制成型的依据。在画钢筋成型图时,主要钢筋应尽可能与配筋图中编号相同的钢筋保持位置上的对齐关系,如图 8-25 中①~⑤钢

钢筋弯钩的增长修正值表　　　　　　　　　表 8-3

序号	钢筋直径 d (mm)	弯钩增长值 (cm)				理论重量 (kg/m)	螺纹钢筋外径 (mm)
		光圆钢筋			螺纹钢筋		
		90°	135°	180°	90°		
1	10	3.5	4.9	6.3	4.2	0.617	11.3
2	12	4.2	5.8	7.5	5.1	0.888	13.0
3	14	4.9	6.8	8.8	5.9	1.210	15.5
4	16	5.6	7.8	10.0	6.7	1.580	17.5
5	18	6.3	8.8	11.3	7.6	2.000	20.0
6	20	7.0	9.7	12.5	8.4	2.470	22.0
7	22	7.7	10.7	13.8	9.3	2.980	24.0
8	25	8.8	12.2	15.6	10.5	3.850	27.0
9	28	9.8	13.6	17.5	11.8	4.830	30.0
10	32	11.2	15.6	20.0	13.5	6.310	34.5
11	36	12.6	17.5	22.5	15.2	7.990	39.5
12	40	14.0	19.5	25.0	16.8	9.870	43.5

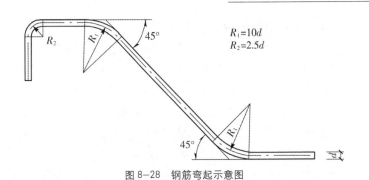

图 8-28 钢筋弯起示意图

筋画在立面图下方，与立面图中相应钢筋对齐。箍筋大样可不绘出弯钩（图 8-25 所示中的 ⑥ 筋），当设计为抗扭或抗震箍筋时，应在大样图的右上角，增绘两条 45°的斜短线。当钢筋弯制形状简单时，也可将钢筋大样绘制在钢筋明细表内。

6. 钢筋明细表

在钢筋结构图中，一般用钢筋明细表反映钢筋数量，用以施工备料和计算工程量之用，其内容有：钢筋编号、钢筋符号和直径、长度、根数、总长及重量等，表 8-5 给出了图 8-25 混凝土梁钢筋构造图的钢筋明细表。

钢筋的标准弯折修正值（cm） 表 8-4

类别		钢筋直径（mm）	10	12	14	16	18	20	22	25	28	32	36	40
弯折修正值	光圆	45°		-0.5	-0.6	-0.7	-0.8	-0.9	-0.9	-1.1	-1.2	-1.4	-1.5	-1.7
		90°	-0.8	-0.9	-1.1	-1.2	-1.4	-1.5	-1.7	-1.9	-2.1	-2.4	-2.7	-3.0
	螺纹	45°		-0.5	-0.6	-0.7	-0.8	-0.9	-0.9	-1.1	-1.2	-1.4	-1.5	-1.7
		90°	-1.3	-1.5	-1.8	-2.1	-2.3	-2.6	-2.8	-3.2	-3.6	-4.1	-4.6	-5.2

钢筋明细表 表 8-5

编号	钢筋符号和直径（mm）	长度（cm）	根数	共长（m）	每米重量（kg/m）	共重（kg）
1	φ22	526	1	5.26	2.984	15.70
2	φ22	708	2	14.16	2.984	42.25
3	φ22	892	2	17.84	2.984	53.23
4	φ22	882	3	26.46	2.984	78.96
5	φ22	745	2	14.90	0.888	13.23
6	φ6	200	24	48.00	0.222	10.66
共　计						214.03

8.5.2 简支板结构及钢筋构造图

板桥是中小跨径桥梁最常用的桥型之一。由于它在建成之后外形像一块薄板，故称为板桥。板桥的建筑高度小，适用于桥下净空受限制的桥梁，还可用于降低桥头引道高度，缩短引道的长度。其外形简单，制作方便，既便于现场整体浇筑，又便于预制厂成批生产，因此可以采用整体式结构，也可以采用装配式结构。

1. 简支板的结构形式

常见的有：整体式简支板桥（截面形式有实体矩形板和矮肋板）、装配式简支板桥（截面形式有矩形板和空心板）、预应力空心板桥（截面形式有单孔板和多孔板），分别如图8-29、图8-30和图8-31所示。

装配式简支板的结构较简单，如图8-32和图8-33所示。无论矩形板还是空心板，考虑到板体安装在桥上后需要将各个板横向连接成整体，所以在板的两侧做成三棱形缺口，当板块安装后，两块板之间就形成如图8-32中左上角图所示的连接槽。

简支板桥宜采用装配式结构，所谓装配式结构，就是在预制厂生产预制构件，运输到桥位现场后再进行安装，以缩短工期，提高工程施工质量。装配式简支板桥按截面形式可分为矩形板和空心板，截面构造如图8-30所示。

（1）实心矩形板桥通常用于跨径8m以下的桥梁，一般应尽量采用标准化设计。我国《公路桥涵设计通用规范》JTG D60—2004中，规定了1.5m、2.0m、2.5m、3.0m、4.0m、5.0m、6.0m和8.0m八种标准化跨径。预制板的设计宽度一般为1.0m，板厚一般为16～36cm；主钢筋一般采用HRB335钢筋。

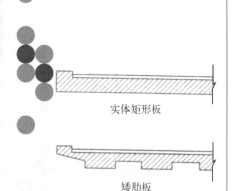

图8-29 整体式简支板桥半剖面

图8-30 装配式简支板桥半剖面

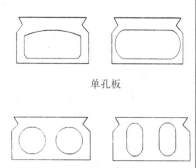

图8-31 预应力空心板截面

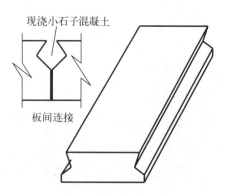

图8-32 装配式矩形板立体图

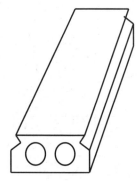

图8-33 预应力空心板立体图

(2) 装配式简支板桥,当跨径增大时,为了减小板的自重,充分合理地利用材料。在预制时应采用芯模使板体混凝土用量减少,形成空心矩形截面。一般选择预应力混凝土空心板结构,截面构造如图 8-31 所示。预应力空心板较同跨径的实心板重量小,运输安装方便,建筑高度比同跨径的 T 形梁小,因此目前使用较多。预应力混凝土空心板,通常在预制厂采用先张法工艺预制,然后运输到工地现场安装。

预应力混凝土空心板桥的跨径一般在 8~20m,标准化跨径有 8.0m、10.0m、13.0m、16.0m 和 20.0m 五种跨径的标准图,相应板厚为 0.4~0.9m。空心板的顶板和底板厚度均不宜小于 80mm,截面的最薄处不得小于 70mm,以保证施工质量和构造的需要。为保证抗剪强度,应在截面内按设计计算需要配置弯起钢筋和箍筋。

2. 简支板的钢筋构造图

图 8-34 是钢筋混凝土装配式矩形板设计实例。设计荷载为公路-Ⅱ级。标准跨径为 6m,桥面宽度为净-7,全桥由 6 块宽度为 99cm(预制宽度)的中部块件和 2 块宽度为 74cm 边部块件组成。图纸阅读如下:图 8-34 设计实例图由三部分组成,从上至下为板桥半剖面图、板桥半立面图、钢筋成型图及板块横断面图。纵观全图,该图纸反映的钢筋种类有 7 种,即钢筋编号为①~⑦。

从板桥半立面图中可以表示的钢筋为①~③号,①钢筋为受力主钢筋,配置在板的下缘。结合大样图可以看出,单根设计长度 609cm,直径 18mm,一块中板内布置有 10 根①号钢筋。从中板横断面图中标注的 9×10 也可以看出:①号钢筋有 10 根,钢筋间距为 10cm。

②号钢筋为架立钢筋,每块板有 4 根 $\phi 8$。板内 2 根,另 2 根在板与板连接处混凝土铺装层内,单根长度为 604cm。

③号钢筋为箍筋,每块中板布置有 25 根 $\phi 6$ 的箍筋,每根长度为 203cm。

④号钢筋为分布钢筋,每块中板布置有 4 根 $\phi 6$ 的分布钢筋,每根长度为 80cm。

⑤、⑥号钢筋是边部块的分布钢筋和箍筋,其作用与中板相同;⑦号钢筋是边部块安全带中的箍筋,它们的详细参数如图 8-34 所示。

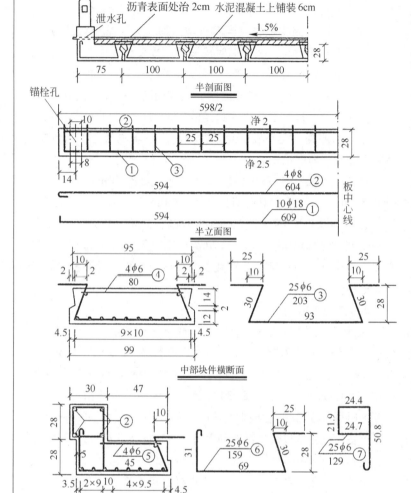

图 8-34 装配式钢筋混凝土实心矩形板桥构造
(尺寸单位：cm，钢筋直径：mm)

从板桥半剖面图、板桥半立面图可以看出，共有 6 块中板，2 块边板；桥面铺装层为 6cm 的水泥混凝土，顶层为 2cm 的沥青表面处治；桥面不设人行道，只有安全带；每块预制板两端都预留吊装孔。

3. 预应力空心板桥

图 8-35 所示为标准跨径 13m 的装配式预应力混凝土空心板桥实例。设计荷载为公路－Ⅰ级，计算跨径 12.6m，板厚 0.60m。空心板横截面为双孔形式，采用 C40 混凝土预制和填缝。每块板

底层配置 7 根 $\phi20$ 的精轧螺纹钢筋做预应力筋。板顶面除配置 3 根 $\phi12$ 的架立钢筋外，在支点附近还配置 6 根 $\phi8$ 的非预应力钢筋来承担由预加应力产生的拉应力。靠近支点截面，箍筋应加密加粗。

纵观图 8-35，该图纸反映的钢筋种类有 10 种，其中①号钢筋为预应力钢筋，其余均为非预应力钢筋。为了加强板端部的抗压强度，在板两端每根①号预应力钢筋的位置套入 1 根⑨号的螺旋筋，7 根①号钢筋共需 14 根⑨号的螺旋筋。⑩号钢筋为预埋的吊环，每块板 2 根。

8.5.3　简支 T 梁结构及钢筋构造图

简支 T 梁桥通常采用预制安装的装配式结构。装配式简支 T 梁桥受力明确，构造简单，施工方便，便于工业化生产。可节省大量的模板和支架，降低劳动强度，缩短工期，因此成为应用最

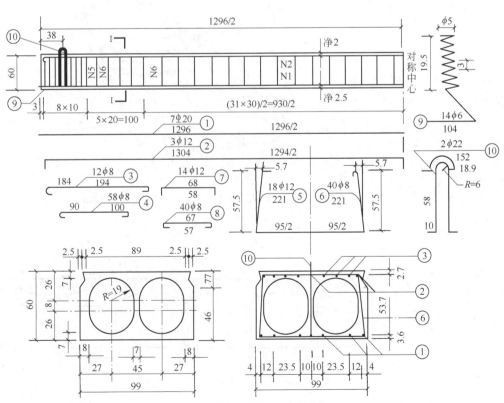

图 8-35　装配式预应力混凝土空心板桥构造（尺寸单位：cm，钢筋直径：mm）

多的桥型。简支 T 梁桥分为钢筋混凝土简支 T 梁和预应力简支 T 梁两类。

装配式钢筋混凝土简支梁桥上部结构的基本形式如图 8-36 所示。图中反映了 T 梁的排列布置和桥面系的层状结构及人行道栏杆的布置。T 梁由主梁肋、横隔板（也称横梁）、翼板（也称行车道板）组成。每根主梁之间借助横隔梁连接，整体性较好，接头也较方便。主梁连接成整体之后的立体图如图 8-37 左边图示。

简支 T 梁桥可以是普通钢筋混凝土 T 梁（图 8-37（a）），也可以是预应力混凝土 T 梁（图 8-37（b））。

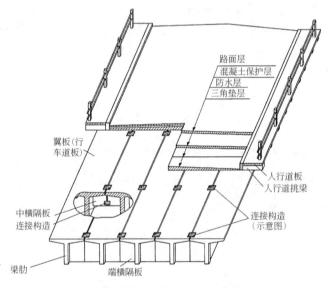

图 8-36　钢筋混凝土简支 T 梁桥上部结构示意图

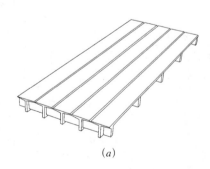
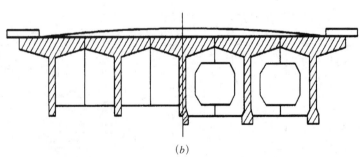

图 8-37　装配式简支梁桥横截面

1. 普通钢筋混凝土 T 梁结构

普通钢筋混凝土 T 梁一般采用整体预制，运输到现场安装。组成 T 梁的主梁肋、横隔板、翼板共同承担上部结构荷载，主梁肋主要承受纵向内力弯矩和剪力，横隔板主要承受横向内力弯矩和剪力，并起横向连接的作用。翼板主要形成车行道板。为了预制脱模的方便，厚度往往做成上厚下薄、内厚外薄的楔形结构。普通钢筋混凝土 T 梁立体图及三视图，如图 8-38 所示。

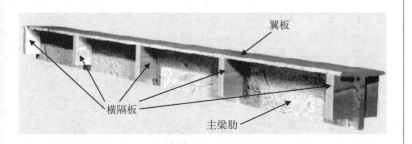

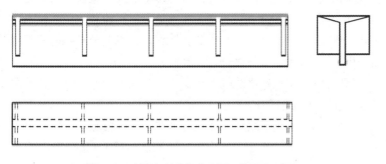

图 8-38　普通钢筋混凝土 T 梁立体图及三视图

2. 普通钢筋混凝土 T 梁钢筋构造

装配式 T 形简支梁桥的钢筋可分为纵向主钢筋、架立钢筋、斜钢筋（弯起钢筋）、箍筋和分布钢筋等几种。

（1）T 梁钢筋一般构造

简支梁承受弯矩作用，故抵抗拉力的主钢筋应设在梁肋的下缘。随着弯矩向支点截面减小，主钢筋可在适当位置弯起。主钢筋不宜截断，如必须截断时，为充分保证截断钢筋的锚固长度和斜截面受弯承载力，应从正截面抗弯承载力计算充分利用点算起，再至少延长长度（最小锚固长度＋梁截面有效高度）处截断。

简支梁靠近支点截面的剪力较大，需要设置斜钢筋以增强梁体的抗剪强度。斜钢筋可以由主钢筋弯起而成（称弯起钢筋），当可供弯起的主钢筋数量不足时，需要加配专门的焊接于主筋和架立筋上的斜钢筋，斜钢筋与梁轴线的夹角一般取 45°。

箍筋的主要作用也是增强主梁的抗剪承载力，其直径不小于 8mm 且不小于 1/4 主钢筋直径。HPB235 钢筋的配筋率不小于 0.18%，HRB335 钢筋的配筋率不小于 0.12%。其间距应不大于梁高的 1/2 或 400mm，从支座中心向跨径方向的长度在不小于 1 倍梁高的范围内，箍筋间距不大于 100mm。近梁端第一根箍筋应设置在距端面的一个混凝土保护层距离处。

T 形梁腹板（梁肋）两侧还应设置纵向分布钢筋，直径宜不小于 6～8mm，以防止因混凝土收缩等原因产生裂缝。每个梁肋内分布钢筋的总面积取 (0.001～0.002) bh，其中 b 为梁肋宽度，h 为梁的高度。当梁跨较大、梁肋较薄时取用较大值。靠近下缘的受拉区应布置得密集些，其间距不应大于腹板（梁肋）宽度，且不应大于 200mm；在上部受压区则可稀疏些，但间距不应大于 300mm。在支点附近剪力较大的区段，纵向分布钢筋间距应为 100～150mm，如图 8-39 所示。

架立钢筋布置在梁肋的上缘，主要起固定箍筋和斜筋并使梁内全部钢筋形成骨架的作用。

受弯构件的钢筋之间的净距应考虑浇筑混凝土时，振捣器可以顺利插入。各主筋之间的横向净距和层与层之间的竖向净距：当钢筋为三层及以下时，不小于 30mm，并且不小于 $1d$；在三层以上时，不小于 40mm，并且不小于 $1.25d$。

在装配式钢筋混凝土 T 形梁中，钢筋数量众多，为了尽可能地减小梁肋尺寸，通常将主筋叠置，并与斜筋、架立筋一起通过侧面焊缝焊接成钢筋骨架（图 8-40）。试验表明，焊接钢筋骨架整体性好，刚度大，能有效减小梁肋尺寸，钢筋的重心位置较低，还可以避免大量的绑扎工作。

T 形梁翼缘板内的受力钢筋沿横向布置在板的上缘，以承受悬臂负弯矩（图 8-39）。板内主筋的直径不小于 10mm，间距不应大于 200mm。垂直于主钢筋还应设置分布钢筋，直径不小于 6mm，间距不应大于 200mm。设置分布钢筋的截面面积，不少于板的截面面积的 0.1%。

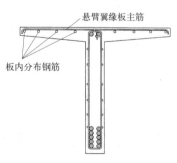

图 8-39 T 形梁的截面钢筋布置

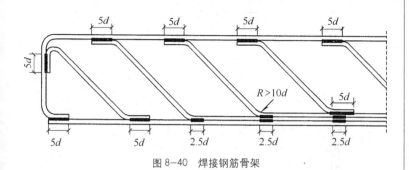

图 8-40 焊接钢筋骨架

(2) 钢筋混凝土简支 T 梁实例

图 8-41 所示为标准跨径为 20m 的装配式 T 梁的钢筋构造。荷载等级为公路 - Ⅰ 级。主梁全长为 19.96m（多跨布置时，相邻梁端之间留有 40mm 的伸缩缝），梁高 1.5m，设有 5 道横隔梁，支座中心至梁端的距离为 0.23m。

每根梁内总共配置 14 根 ϕ32 HRB335 级纵向受力钢筋（编号：N1～N6），其中位于梁底的 4 根 N1（占主筋截面积的 20% 以上）通过梁端支承中心，其余 10 根则按梁的弯矩包络图和承载能力图的对比分析，在不同位置分别弯起。

设于梁顶部的架立钢筋 N7（ϕ22 HRB335）在梁端向下弯折并与伸出支承中心的主筋 N1 相焊接。箍筋 N11 和 N12 采用 HPB235 钢筋（ϕ8@14cm），跨中为双肢箍筋（图 8-41，截面 Ⅱ-Ⅱ）。在支座附近，为满足剪切强度需要和减少支座钢板锚筋的影响，采用四肢箍筋（图 8-41，Ⅲ-Ⅲ 截面）

腹板两侧设置 ϕ8 的防裂分布钢筋 N13，间距 14cm。靠近下缘部分布置得较密，向上则布置得较稀，如图 8-42 所示。

附加斜筋 N8、N9 和 N10，采用 ϕ16 钢筋，它们是根据梁内抗剪要求布置的。每片平面钢筋骨架的重量为 9.1kN，每根中间主梁的安装重量为 322.0kN。

3. 预应力混凝土简支 T 梁

(1) 预应力 T 梁一般构造

装配式钢筋混凝土简支梁桥，常用的较经济合理的跨径在 20m 以下。跨径增大时，不但钢材耗量大，而且混凝土开裂现象也比较严重，影响结构的耐久性。为了提高简支梁的跨越能力，可以采用预应力混凝土结构。目前，世界上预应力混凝土简支

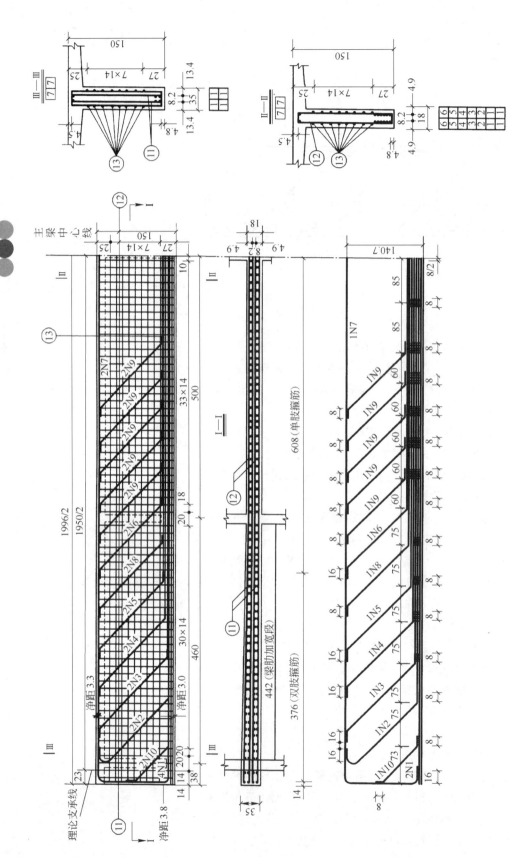

图 8-41 装配式 T 梁钢筋构造图

| 未配置防裂钢筋 | 配置防裂钢筋后 |

图 8-42　T 梁主梁肋钢筋骨架立体图

的最大跨径已达 76m。但是，根据建桥实践，当跨径超过 50m 后，不但结构笨重，施工困难，经济性也较差。

预应力混凝土梁内的配筋，除主要的纵向预应力筋外，还有非预应力纵向受力钢筋、架立钢筋、箍筋、水平分布钢筋、承受局部应力的钢筋（如锚固端加强钢筋网）和其他构造钢筋等。

预应力筋在跨中横截面内的布置，应在保证满足梁底保护层要求和位于索界内的前提下，尽量使其重心靠下，以增大预应力的偏心距，节省高强钢材。预应力筋在满足构造要求的同时，尽量相互靠拢，以减小下马蹄的尺寸，减小梁体自重。直线管道的净距不应小于 40mm，并且不小于管道直径的 0.6 倍；此外，还应将适当数量的预应力筋布置在腹板中线处，以便于弯起；直线形管道保护层厚度应满足规定要求，对曲线形管道，其曲线平面内侧受曲线预应力钢筋的挤压，混凝土保护层在曲线平面内和平面外均受剪力，梁底面保护层和侧面保护层均需要加厚，其值应计算确定。横截面内预应力筋的布置如图 8-43 所示，d 为管道的内直径，应比预应力筋直径至少大 10mm。

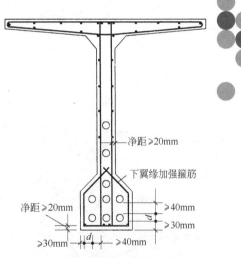

图 8-43　预应力 T 梁跨中截面钢筋构造

为了防止锚具附近混凝土出现裂缝，还必须配置足够的间接钢筋（包括加强钢筋网和螺旋筋）予以加强。间接钢筋应根据局部抗压承载力的计算来确定，配置加强钢筋网的范围一般是在 1 倍于梁高的区域。另外，锚具下还应设置厚度不小于 16mm 的钢垫板，以扩大承载面积，减小混凝土应力。图 8-44 为梁端锚固区的配筋构造示例图。

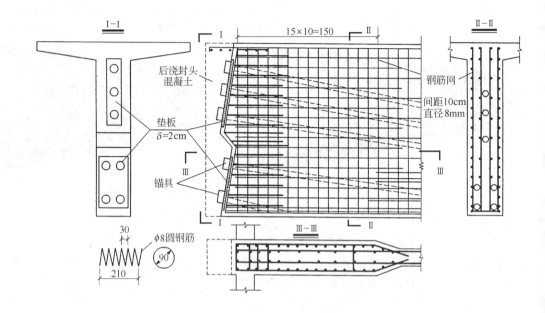

图 8-44 梁端锚固区配筋构造示意

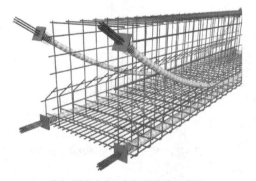

(a) 预应力空心板钢筋构造示意图

(b) 预应力空心板预制成型示意图

图 8-45 20 米装配式预应力空心板简支梁

(2) 20 米装配式预应力空心板简支梁实例

图 8-45 为 20 米装配式预应力空心板简支梁。图 8-45 (a) 是预应力空心板钢筋构造示意图，图中表示出了 4 束预应力钢束的布置形式和非预应力钢筋骨架构造。图 8-45 (b) 是预应力空心板预制成型示意图，即混凝土浇筑养护之后，预应力钢筋张拉锚固成型的示意图。图 8-45 (c) 为预应力空心板简支梁的设计图。其标准跨径为 20m，空心板全长 19.96m。荷载等级：汽车荷载 城－A 级，人群荷载 4.0 kN/m²。空心板分两种截面形式，即中板和边板。空心板采用 C50 混凝土，中板截面尺寸为：高 90cm，宽 99cm。每片中板吊装重量 23.68t。

每片空心板设计 4 束预应力钢束，每束预应力筋采用 4ϕ^j15.24mm 高强低松弛钢绞线，其标准强度为 1860MPa，每束张拉控制应力为 781.2 kN，施工采用两端张拉。N1、N2 钢绞线均以圆弧起弯并锚固在梁端厚 20mm 的钢垫板上。钢束孔道采用预埋波纹管，波纹管直径为 ϕ56mm。图 8-45 (c) 中未示出非预应力钢筋骨架构造。

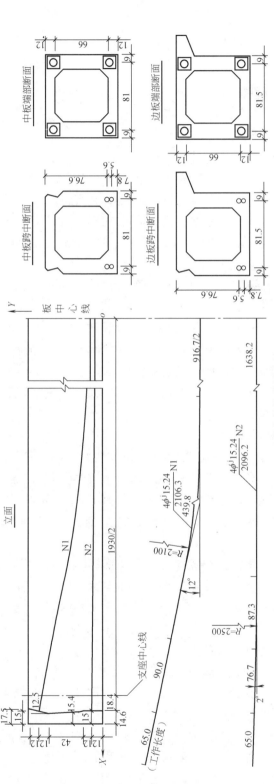

预应力钢束曲线坐标

束号	水平坐标 X	0～150 跨中截面	250	300	350	400	450	500	550	600	650	700	750	800	850	900	950	983 锚固截面
1	竖直坐标 Y	13.4	13.4	13.4	13.4	13.4	13.4	13.8	15.4	18.2	22.2	27.3	33.7	41.4	50.2	60.4	71.0	78.0
2	Y	7.8	7.8	7.8	7.8	7.8	7.8	7.8	7.8	7.8	7.8	7.8	7.8	7.8	8.0	9.1	10.8	12.0

一块板钢绞线材料数量表

束号	直径 (mm)	根数	每根长度 (cm)	共长 (m)	单位重 (kg/m)	共重 (kg)	φ56波纹管长度 (m)
1	φ15.24	8	2106.3	168.50	1.102	370.49	78.84
2	φ15.24	8	2096.2	167.70			

20m空心板预应力钢束构造图

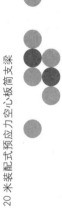

说明

1. 本图尺寸除钢绞线直径以毫米计，余均以厘米计，比例1:2.5
2. 预应力钢束曲线竖向坐标值为钢束中心至梁底距离。
3. 钢绞线孔道采用直径为56mm的预埋波纹管，锚具采用YM15-4锚具。
4. 设计采用标准强度 R_y^b=1860MPa 的高强低松弛七股钢绞线，4φ15.24mm一束，两端张拉，每束钢绞线的张拉控制力为781.2kN

(c) 预应力空心板简支梁设计图

图 8-45 20米装配式预应力空心板简支梁

8.6 涵洞工程图

8.6.1 涵洞分类

1. 按建筑材料分类

（1）石涵：包括石盖板涵和石拱涵。石涵造价、养护费用低，节省钢材和水泥，在产石地区应优先考虑采用石涵。

（2）混凝土涵：可现场浇筑或预制成拱涵、圆管涵和小跨径盖板涵。该种涵洞节省钢材，便于预制，但损坏后修理和养护较困难。

（3）钢筋混凝土涵：可用于管涵、盖板涵、拱涵和箱涵。钢筋混凝土涵涵身坚固，经久耐用，养护费用少。管、盖板涵安装运输便利，但耗钢量较多，预制工序多，造价较高。

（4）砖涵：主要指砖拱涵。砖涵便于就地取材，但强度较低，在水流含碱量大或冰冻地区不宜采用。

（5）其他材料涵洞：有陶瓷管涵、铸铁管涵、波纹管涵、石灰三合土拱涵等。

2. 按构造形式分类

（1）管涵：受力性能和对地基的适应性能较好，不需墩台，圬工数量少，造价低，适用于有足够填土高度的小跨径暗涵。

（2）盖板涵：构造简单，易于维修，有利于在低路堤上修建，还可以做成明涵。跨径较小时可用石盖板，跨径较大时可用钢筋混凝土盖板。

（3）拱涵：适宜于跨越深沟或高路堤时采用。拱涵承载能力大，砌筑技术容易掌握，但自重引起的恒载也较大，施工工序繁多。

（4）箱涵：整体性强，适宜于软土地基。但用钢量多，造价高，施工较困难。

3. 按洞顶填土情况分类

（1）明涵：洞顶不填土，适用于低路堤、浅沟渠。

（2）暗涵：洞顶填土大于50cm，适用于高路堤，深沟渠。

4. 按水力性能分类

（1）无压力式涵洞：进口水流深度小于洞口高度，水流流经全涵保持自由水面，适用于涵前不允许壅水或壅水不高时。

（2）半压力式涵洞：进口水流深度大于洞口高度，但水流仅在进口处充满洞口，在涵洞其他部分都是自由水面。

（3）有压力式涵洞：涵前壅水较高，全涵内充满水流，无自由水面，适用深沟高路堤。

（4）倒虹吸管：路线两侧水深都大于涵洞进出水口高度，进出水口设置竖井，水流充满全涵身，适用于横穿路线的沟渠水面，标高基本等于或略高于路基标高。

8.6.2 洞身和洞口构造图

涵洞是由洞身及洞口组成的排水构筑物。洞身承受活载压力和土压力并将其传递给地基，应具有保证设计流量通过的必要孔径，同时本身要坚固而稳定。洞口建筑连接着洞身及路基边坡，应与洞身较好地衔接并形成良好的泄水条件。位于涵洞上游的洞口称为进水口，位于涵洞下游的洞口称为出水口。涵洞洞口的常见形式有八字式、锥坡式、端墙式，详见图8-46。

1. 管涵

圆管涵主要由管身、基础、接缝及防水层组成，各组成部分名称如图8-47和图8-48所示。圆管涵洞管节和支承管节的基础垫层如图8-49所示。当整节钢筋混凝土圆管涵无铰时，称为刚性管涵。刚性管涵在横断面上是一个刚性圆环。管壁内钢筋有内外两层，钢筋可加工成一个个的圆圈或螺旋筋（图8-50）。

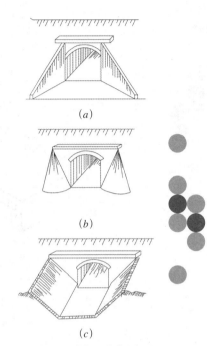

图8-46 涵洞洞口的常见形式
(a) 八字式；(b) 锥坡式；(c) 端墙式

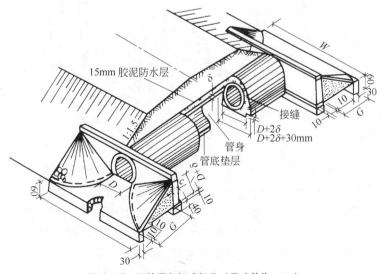

图8-47 圆管涵各组成部分（尺寸单位：cm）

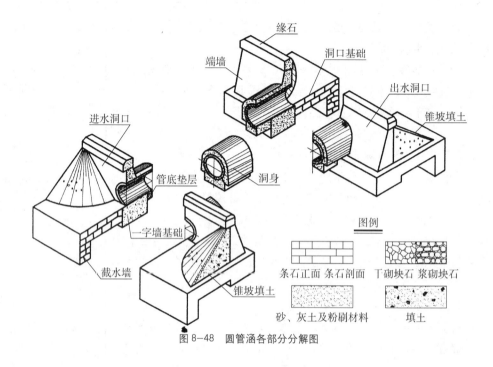

图 8-48 圆管涵各部分分解图

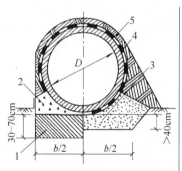

图 8-49 钢筋混凝土圆管涵基础
1—浆砌片石；2—混凝土；
3—砂垫层；4—防水层；5—黏土

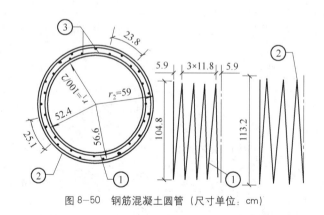

图 8-50 钢筋混凝土圆管（尺寸单位：cm）

圆管涵常用孔径为 50、75、100、125、150cm，对应的管壁厚度 δ 分别为 6、8、10、12、14cm。基础垫层厚度 t 根据基底土质确定，当为卵石、砾石、粗中砂及整体岩石地基时，$t=0$；当为砂质粉土、黏土及破碎岩层地基时，$t=15$cm；当为干燥地区的黏土、粉质黏土、砂质粉土及细砂的地基时，$t=30$cm。

图 8-51 是孔径为 $D75$ 的钢筋混凝土圆管涵结构设计图，图

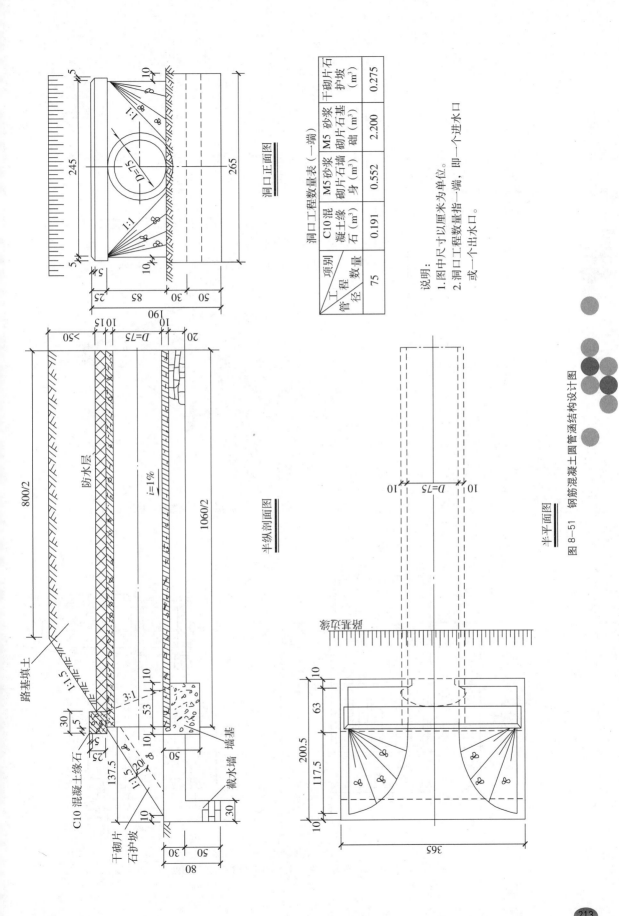

图 8-51 钢筋混凝土圆管涵结构设计图

纸用三视图的方式表达了涵洞的整体布置,并用文字注明了主要结构的材料规格,同时还列出了工程数量一览表。

2. 盖板涵

如图 8-52 所示,盖板涵主要由盖板、涵台、基础、洞身、铺底、伸缩缝及防水层等部分组成。盖板涵洞身由涵台(墩)、基础和盖板组成(图 8-53)。盖板有石盖板及钢筋混凝土盖板等。

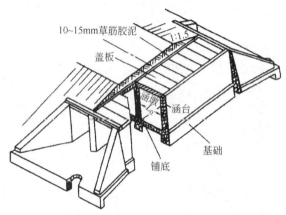

图 8-52 钢筋混凝盖板涵结构示意图

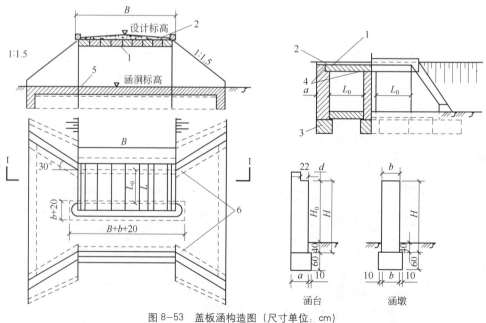

图 8-53 盖板涵构造图(尺寸单位:cm)
1—盖板;2—路面;3—基础;4—砂浆填平;5—铺砌;6—八字墙

石盖板涵常用跨径 L_0 为 75、100、125cm，盖板厚度 d 一般在 15～40cm 之间。做盖板的石料必须是不易风化的、无裂缝的优质石板。

钢筋混凝土盖板涵跨径 L_0 为 150、200、250、300、400cm，相应的盖板厚度 d 在 15～22cm 之间。圬工涵台（墩）的临水面一般采用垂直面，背面采用垂直或斜坡面，涵台（墩）顶面可做成平面，也可做成 L 形，借助盖板的支撑作用来加强涵台的稳定。为了增加整体稳定性和抗振性，当跨径大于 2m 且涵洞较高时，可在盖板下或盖板间，沿涵长每隔 2m 增设一根支撑梁。同时在台（墩）帽内预埋栓钉，使盖板与台（墩）加强连接。

图 8-54 所示为钢筋混凝土盖板涵总体布置图，表达的是洞口为八字墙，洞身为混凝土涵台加盖板，净跨径为 2.36m 的盖板涵。

3. 拱涵

拱涵主要由拱圈、护拱、拱上侧墙、涵台、基础、铺底、沉降缝及排水设施等组成，各部分名称如图 8-55 所示。拱圈是拱涵的承重部分，可由石料、混凝土、砖等材料构成。拱圈一般采用等截面圆弧拱。跨径 L_0 为 100、150、200、250、300、400、500cm，相应拱圈厚度 d 为 25～35cm。涵台（墩）临水面为竖直面，背面为斜坡，以适应拱脚较大水平推力的要求。基础有整体式和分离式两种。整体式基础主要用于小跨径涵洞。对于松软地基上的涵洞，为了分散压力，也可用整体式基础。对于跨径大于 2～3m 的涵洞，宜采用分离式基础。

4. 箱涵

箱涵主要由钢筋混凝土涵身、翼墙、基础、变形缝等部分组成，如图 8-56 所示。箱涵又称矩形涵，箱涵洞身可采用钢筋混凝土封闭薄壁结构，根据需要做成长方形断面或正方形断面。箱涵的上下顶板、底板与左右墙身是刚性结构，适于在软土地基上采用。

箱涵的常用跨径 L_0 为 200、250、300、400、500cm，箱涵壁厚 δ 一般为 22～35cm，垫层厚度 t 为 40～70cm，箱涵内壁面四个角处往往做成 45°的斜面，其尺寸为 5cm×5cm。

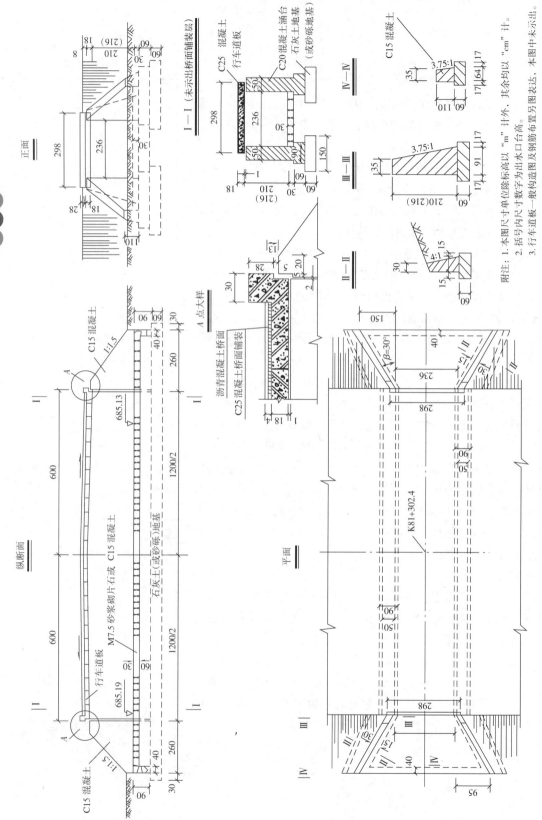

图 8-54 钢筋混凝土盖板涵总体布置图

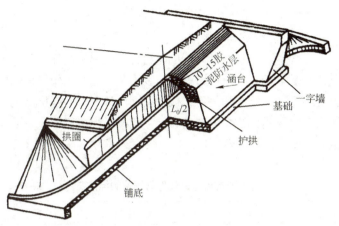

图 8-55 石拱涵各组成部分

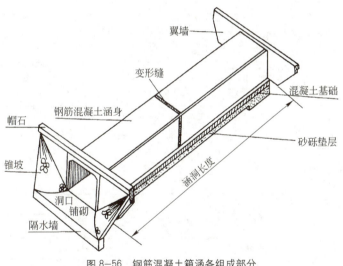

图 8-56 钢筋混凝土箱涵各组成部分

8.7 钢结构

在桥梁工程中，大跨径的上部主要承重结构会选择采用钢结构，如图 8-57 钢桁架结构拱桥所示。钢结构是用钢板和型钢作基本构件，采用焊接、铆接或螺栓连接等方法，按照一定的构造要求连接起来，承受规定荷载的结构物。钢结构的图示方法与钢筋混凝土结构有所不同，本节主要介绍钢节点构造图和相关的基本知识。

图 8-57 钢桁架结构拱桥

8.7.1 型钢及其连接

(1) 型钢。钢结构所采用的钢材，一般都是由轧钢厂按国家标准规格轧制而成，统称为型钢。我国常用的型钢代号与规格的标注见表 8-6。钢结构是用钢板和型钢作基本构件连接而成，一般情况下，型钢的连接方法有铆接、栓接和焊接三种。下面只介绍应用广泛的焊接图示方法。

我国常用型钢代号与规格的标注　　　表 8-6

序号	名称	截面形式	代号规格	标注
1	钢板、扁钢		□宽 × 厚 × 长	$\frac{□b \times t}{L}$
2	角钢		∟长边 × 短边 × 边厚 × 长	$\frac{∟B \times b \times d}{L}$
3	槽钢		[高 × 翼缘宽 × 腹板厚 × 长	$\frac{[N \times b}{L}$
4	工字钢		I高 × 翼缘宽 × 腹板厚 × 长	$\frac{IN}{L}$
5	方钢		□边宽 × 长	$\frac{□b}{L}$
6	圆钢		φ直径 × 长	$\frac{\phi d}{L}$
7	钢管		φ外径 × 壁厚 × 长	$\frac{\phi d \times t}{L}$
8	卷边角钢		□边长 × 边长 × 卷边长 × 边厚 × 长	$\frac{[b \times b' \times l \times t}{L}$

(2) 焊接。焊接是目前钢结构中主要的连接方法。由于设计时对连接有不同的要求，焊缝形式各异，在图纸上必须注明焊缝的位置、形式和尺寸。焊接可采用图示法或标注法表示。

1) 图示法是在比例较大时采用，它把焊缝用与钢构件轮廓线垂直的细实短线表示，线段长 1～2 mm，间距为 1 mm，如图 8-58 所示。

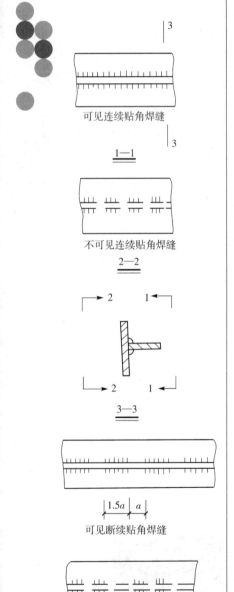

图 8-58　焊接的图示法

常用焊缝的图形符号和辅助符号表 表 8-7

序号	焊缝名称	图例	图形符号	符号名称	图式	辅助符号	标注方式
1	V 形焊缝		V	三面周边焊缝	⊏	⊏	
2	带钝边 V 形焊缝		Y				
3	对焊 I 型焊缝		‖				
4	单面贴角焊缝		▷	带垫板符号			
5	双面贴角焊缝		△	现场安装焊缝符号		⚑	
6	塞焊		⊓	周围焊缝		○	

2) 图形符号表示焊缝断面的基本形式, 如 V 形、W 形、I 形、Y 形、角焊、塞焊等; 辅助符号表示焊缝某些特征的辅助要求。常用的图形符号和辅助符号见表 8-7。

3) 标注法是采用箭头引出线的形式, 并标注焊缝代号 (由图形符号、辅助符号和引出线等部分组成), 如图 8-59 所示, 将焊缝符号标注在指引线的横线上方, 需要时还可在水平线末端加绘作说明用的尾部, 如焊接方法等。

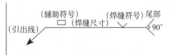

图 8-59 焊接的标注法

8.7.2 钢结构图识读

图 8-60 所示为钢桁架梁示意图, 桁架梁由各种杆件组成, 各部分的名称详见图中所示。钢结构图一般由总图、节点图、杆件图和零件图等组成。

1. 钢结构的总图

钢结构的总图通常采用单线示意图或简图表示, 用以表达钢结构的形式、各杆件的计算长度等，如图 8-61 所示，为跨度 64m 钢桁梁总图，包括有：主桁图、上平纵联图、下平纵联图、横联图、桥门架图。

（1）主桁图：主桁架图是桥梁纵方向的立面图，表示前后两片主桁架的形状和大小，主桁架是主要承重结构，它主要是由上

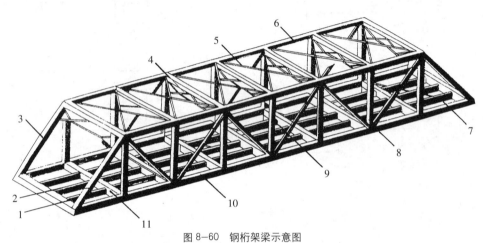

图 8-60 钢桁架梁示意图
1—端横梁；2—下平纵联；3—端斜杆；4—横向联结系；5—上平纵联；
6—上弦杆；7—下弦杆；8—竖杆；9—斜杆；10—纵梁；11—横梁

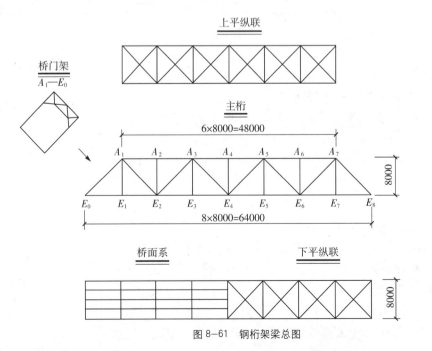

图 8-61 钢桁架梁总图

弦杆、下弦杆、斜杆和竖杆共同组成。

（2）上平纵联图：它是上平纵联的平面图，平时通常画在主桁架图的上面，表示桁架顶部的上平纵联的结构形式，其主要作用是保证桁架的侧向稳定及承担作用于桥上的水平风力，故又称为"上风架"。

（3）下平纵联图：是下平纵联的平面图，通常画在主桁架图的下面，它的右边一半表示下平纵联的结构形式；左边一半表示桥面系的纵横梁位置和结构形式。

（4）横联图：是钢桁梁的横断面图，它表示两片主桁架之间横向联系的结构形式，图中表示了 A_3-E_3 处的横联结构形式。

（5）桥门架图：是采用辅助斜投影法把桥门架 A_1-E_0 的实形画出来。它设在主梁两端支座上，其主要作用是将上风架所承受的水平力传递到桥梁支座上去。

2. 钢节点的构造立体图

所谓"钢节点"是钢结构中较为复杂的部分，它表达了该节点处各杆件的连接结构。图 8-62 为钢桁架梁的下弦节点 E_2 的构造立体图。

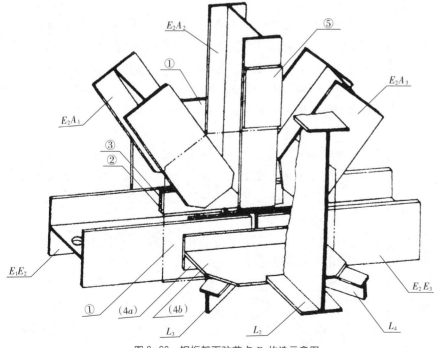

图 8-62　钢桁架下弦节点 E_2 构造示意图

(1) 下弦节点 $E2$ 是通过两块节点板①（前面一块节点板用双点画线表示）、接板②、填板③和高强螺栓将主桁架的下弦杆 E_1E_2、E_2E_3、斜杆 E_2A_1、E_2A_3 和竖杆 E_2A_2 连接组成。

(2) 节点 $E2$ 除了连接主桁架上述的交汇杆件外，还通过接板 $(4a)$、$(4b)$、填板⑤和角钢（图中没有画出）把横梁 L_2（采用局部断裂画法）和下风架 L_3、L_4 连接起来。

(3) 钢节点结构详图除采用常用的正投影图外，还配合用剖面图、断面图和斜视图等方法来表示，钢节点图的尺寸单位一律采用毫米，常用比例为 1∶10～1∶20。

3. 钢节点的构造设计详图

图 8-63 所示为钢桁架下弦节点 E_2 构造设计详图，是将图 8-61 钢桁架梁总图中 E_2 节点的详细构造和尺寸，用三视图表示出来。

(1) 立面图

是节点图的主要投影图，它没有把横梁和下风架等杆件画出来，而只画出它们的接板 (A_0)，这样可以更清楚地显示各杆件和接点板连接的构造。螺孔用小黑圆点表示（已就位的高强螺栓），注出了螺孔的定位尺寸和杆件的装配尺寸，如 E_2A_3 杆件的螺孔间距为 $3×80 = 240$mm，装配定位尺寸为 50mm 和 521mm。在立面图的周围，还用断面图画出了各杆件的构造尺寸，如 E_2A_3 中的 2 □ 460×16×12660，1 □ 426×12×12660，表示该杆件是由两块尺寸为 460×16×12660 和一块尺寸为 426×12×12660 的钢板通过焊接组成工字梁形式。

(2) 平面图

采用拆卸画法把竖杆和斜杆移去画出下弦杆和节点板、接板、填板的连接构造，在图中一般均不画剖面线，而对于填板不论剖切与否，习惯上均画上剖面线。

(3) 侧面图

采用 I—I 剖面和拆卸画法移去斜杆，把竖杆和节点板的连接、竖杆和横梁的连接表示出来。

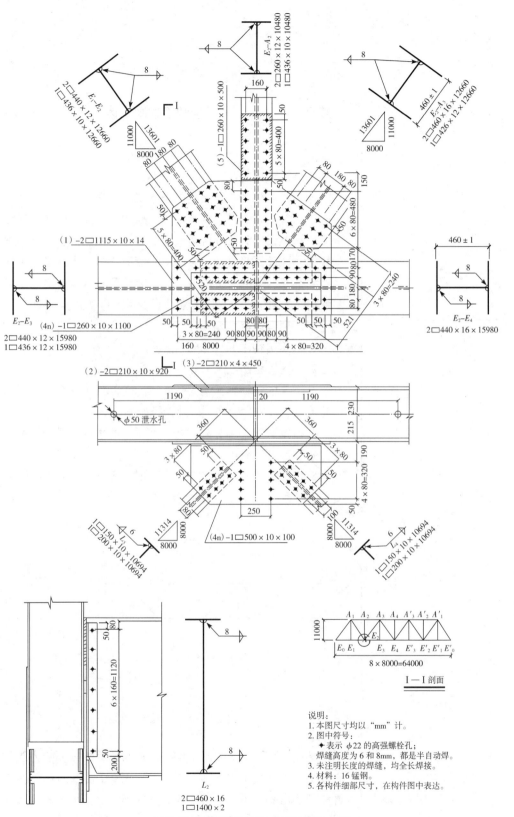

图 8-63 钢桁架下弦节点 E_2 构造设计详图

训练活动　　　　　桥涵工程图识读

一、活动目的

通过了解桥涵工程结构的基本知识，学生理解桥涵结构及钢筋构造的特点和作用，熟悉桥涵工程常见的类型结构。仔细认真识读桥涵图纸，深入分析图形之间的对应关系，能够正确识读尺寸数据，计算钢筋数量。通过这些活动，进一步升华学生的抽象思维和空间结构的分析能力，达到能够顺利识读较简单桥涵工程图纸的教学目的，为后续专业课程的学习打下扎实基础。

二、项目内容

1. 桥梁结构由哪几部分组成？

2. 桥涵工程图纸，一般由哪几部分组成？

3. 桥梁的主要名词术语有哪些？注意区别净跨径、计算跨径、标准跨径、标准化跨径、单孔跨径的概念。

4. 桥梁有哪几种分类方法？按桥梁的建设规模和结构体系分类，分别有哪几种？

5. 钢筋的下料长度如何计算？请计算图 8-64 横梁钢筋构造图中①号钢筋和③号钢筋的下料长度。

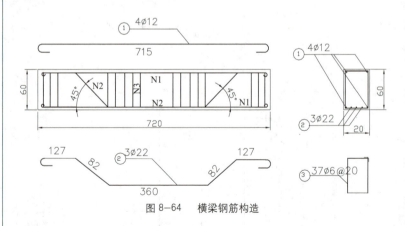

图 8-64　横梁钢筋构造

6. 请说出"图 8-35 标准跨径 13m 的装配式预应力混凝土空心板桥"设计实例中，③、④、⑤、⑥、⑦、⑧号钢筋的具体位置和相互搭配关系。制备一定数量的细钢丝，根据图示尺寸，按照一定比例下料、弯制钢筋，绑扎一个钢筋骨架。

7. 某装配式钢筋混凝土简支梁桥,尺寸数据如图8-65(a)、(b)所示,认真识读主梁横截面和横隔梁布置图。分析主梁肋、横隔板、翼板的各部分尺寸,绘制对应的截面图并标注尺寸。

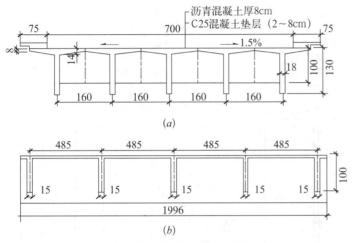

图8-65 钢筋混凝土简支T梁(尺寸:cm)

8. 认真阅读本单元图8-34装配式钢筋混凝土实心矩形板桥构造,填写完成表8-8,钢筋数量按单孔板桥计算。

钢筋明细表　　　　　　　　　表8-8

钢筋编号	钢筋符号、直径	单根长度(cm)	根数	共长(m)	每米质量(kg)	共重(kg)
		共　计				

9. 仔细识读图8-66 T梁主梁肋钢筋构造图,完成以下任务。

(1) 列出主梁钢筋明细表并计算钢筋骨架的总重量;

(2) 计算T梁混凝土体积(不扣除钢筋所占体积);

(3) 读出T梁计算跨径是多少?钢筋保护层厚度是多少?

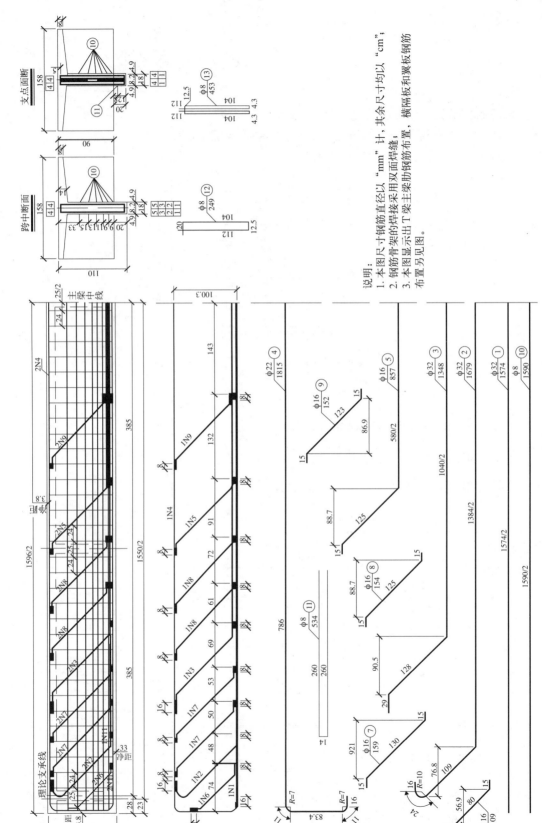

图 8-66 T 梁主梁肋钢筋构造图

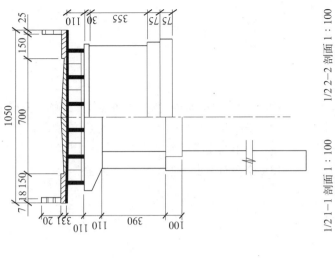
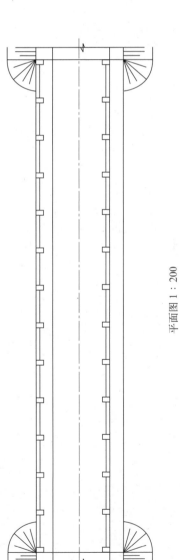

说明：本图尺寸单位为 cm

图 8-67 简支梁桥总体布置图

10. 仔细识读图 8-67 简支梁桥总体布置图，完成下列任务。

（1）说出简支梁桥的上部、下部结构的类型；

（2）说出简支梁桥各结构部分的总体尺寸；

（3）全桥有多少根主梁？有多少根桩？

单元 9　隧道工程图识读

> **学习要点**
>
> 1. 了解隧道工程结构的基本知识；
> 2. 了解隧道平面图、纵断面图的内容和特点；
> 3. 理解隧道洞门结构的内容，能识洞门结构图；
> 4. 了解通道工程图。

9.1　隧道工程概述

隧道包括的范围很大。从不同角度区分，可得出不同的隧道分类方法。如按地层分，可分为岩石隧道（软岩、硬岩）、土质隧道；按所处位置分，可分为山岭隧道、城市隧道、水底隧道；按施工方法分，可分为矿山法、明挖法、盾构法、沉埋法、掘进机法等；按埋置深度分，可分为浅埋和深埋隧道；按断面形式分，可分为圆形、马蹄形、矩形隧道等；按车道数分，可分为单车道、双车道、多车道。图9-1 隧道工程实例图片所示的是公路交通隧道。一般认为按用途分类比较明确，简述如下：

鹧鸪山隧道

中胜隧道

九顶山隧道

白花山隧道

图 9-1　隧道工程实例图

1. 交通隧道

交通隧道是应用最广泛的一种隧道，其作用是提供交通运输和人行的通道，以满足交通线路畅通的要求，一般包括以下几种。

（1）公路隧道——专供汽车运输行驶的通道。

（2）铁路隧道——专供火车运输行驶的通道。

（3）水底隧道——修建于江、河、湖、海、洋下的隧道，供汽车和火车运输行驶的通道。

（4）地下铁道——修建于城市地层中，为解决城市交通问题的火车运输的通道。

（5）航运隧道——专供轮船运输行驶而修建的通道。

（6）人行隧道——专供行人通过的通道。

2. 水工隧道

水工隧道是水利工程和水力发电枢纽的一个重要组成部分。水工隧道包括以下几种：

（1）引水隧道——用于将水引入水电站的发电机组或水资源的调动而修建的孔道。

（2）尾水隧道——用于将水电站发电机组排出的废水送出去而修建的隧道。

（3）导流隧道或泄洪隧道——是为水利工程中疏导水流并补充溢洪道流量超限后的泄洪而修建的隧道。

（4）排沙隧道——它是用来冲刷水库中淤积的泥沙而修建的隧道。

3. 市政隧道

在城市的建设和规划中，充分利用地下空间，将各种不同市政设施安置在地下而修建的地下孔道，称为市政隧道。市政隧道与城市中人们的生活、工作和生产关系十分密切，对保障城市的正常运转起着重要的作用。其类型主要有：

（1）给水隧道——为城市自来水管网铺设系统修建的隧道。

（2）污水隧道——为城市污水排送系统修建的隧道。

（3）管路隧道——为城市能源供给（燃气、暖气、热水等）系统修建的隧道。

（4）线路隧道——为电力电缆和通信电缆系统修建的隧道。

将以上 4 种具有共性的市政隧道，按城市的布局和规划，建成一个共用隧道，称为"共同管沟"。共同管沟是现代城市基础设施科学管理和规划的标志,也是合理利用城市地下空间的科学手段。是城市市政隧道规划与修建发展的方向。

(5) 人防隧道——是为战时的防空目的而修建的防空避难隧道。

4. 矿山隧道

在矿山开采中,能从山体以外通向矿床和将开采到的矿石运输出来,是通过修建隧道来实现的,其作用主要是为采矿服务的,主要有运输巷道、给水隧道、通风隧道等。

9.2 隧道工程图

隧道工程除了洞门结构形式有较多变化外,其洞身结构不宜太复杂,即隧道横断面基本不变,因此隧道工程没有桥梁结构复杂,主体结构的图纸也不是很多。

9.2.1 隧道工程图纸的组成

隧道勘测设计的成果是相应的设计文件,应按交通部颁发的《公路基本建设工程设计文件编制办法》和《公路隧道勘测规程》的要求进行。定测结束后应提交以下图纸资料。

(1) 隧道平面图:显示地质平面、隧道平面位置及路线里程和进出口位置等。

(2) 隧道纵断面图:显示隧道地质概况、衬砌类型(有加宽或设 U 形回车场时,应显示加宽值及加宽段长度)、埋深、路面中心设计标高,有高路肩时显示路肩标高、设计坡度、地面标高、里程桩等。

(3) 隧道进口(出口)纵横断面图:显示设置洞门处的地形、地质情况、边坡开挖坡度及高度等。

(4) 隧道进口(出口)平面图:显示洞门附近的地形、洞顶排水系统(有平导时,与平导的相互关系等)、洞门广场的减光设计等。

(5) 隧道进口(出口)洞门图:显示洞门的构造、类型及具体尺寸,采用建筑材料、施工注意事项、工程数量等。有遮光棚等构造物时,应显示其与洞身连接关系及完整的遮光棚构造设计图。

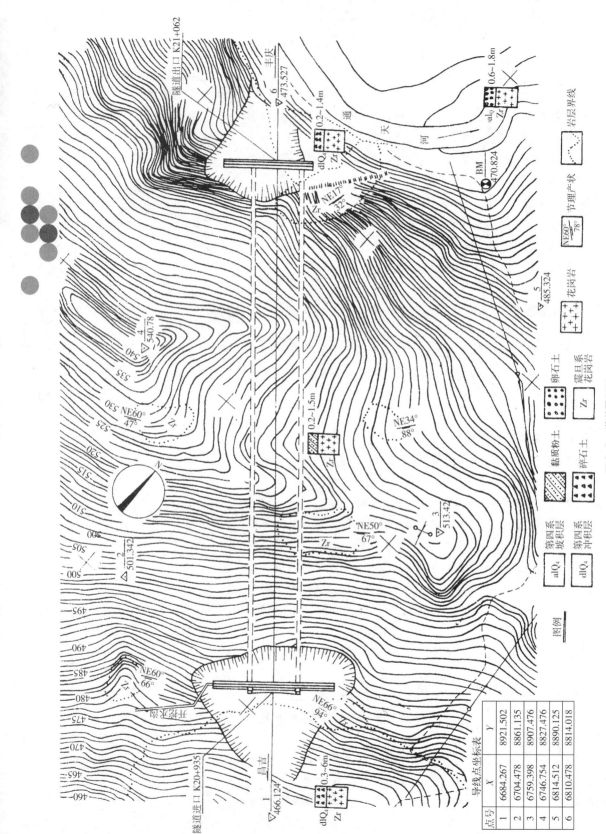

图 9-2 隧道平面图

（6）隧道衬砌设计图：显示衬砌类型、构造和具体尺寸、采用的建筑材料、施工注意事项、工程数量等。设回车场、错车道、爬坡车道时应单独设计。

（7）辅助坑道结构设计图。

（8）运营通风系统的结构设计图。

（9）运营照明系统的结构设计图。

（10）监控与管理系统的结构设计图。

（11）附属建筑物的结构设计图。

在整个施工图设计文件中应有隧道设计说明书。对隧道概况（路线、工程地质、水文地质、气象、环境等）、设计意图及原则、施工方法及注意事项等作概括说明。

9.2.2 隧道平、纵、横断面图识读

1、隧道平面图

它包含的内容有：隧道轴线、洞口及各组成部分的平面位置、隧道位置的地形、地物状况及地质状况。图9-2所示为某隧道平面图，从图中可以看出，地形平面图用等高线绘出，结合图例，可知隧道地区工程地质平面分布情况及地质年代和节理产状。隧道平面在山体里面，故投影为不可见，画虚线。隧道进口里程桩号 K20+935，出口桩号 K21+062。该隧道位于直线段，其导线点坐标值见图面左下角的坐标表。高程控制点 BM 位于隧道出口原小路附近。从地形图可见隧道出口端山体地形略高于进口端，故在进口端的洞门处设计了排水沟。

隧道平面图可根据隧道长短及地质、地形情况绘制，比例可选 1∶500 或 1∶1000，本图选用 1∶500。

2. 隧道纵断面图

隧道纵断面图主要反映洞口设计标高，纵坡形式和竖曲线及其大小。在纵断面图上还反映山体地面的起伏及地质围岩类别的分布情况、断层走向和洞身衬砌形式的段落划分情况。图9-3所示为某隧道的纵断面图，其岩体地质为黏质粉土覆盖花岗岩，隧道采用 3.0% 的单坡，洞身拱顶衬砌厚 60cm，在纵断面图上也表示洞门的侧面，左侧竖立一标高比例尺，以便与纵断面图对照校核。图样下半部分是一个表格栏，反映了围岩类别、衬砌形式、设计标高、地面高程及对应的里程桩号，最下边是地质图例及附注说明。

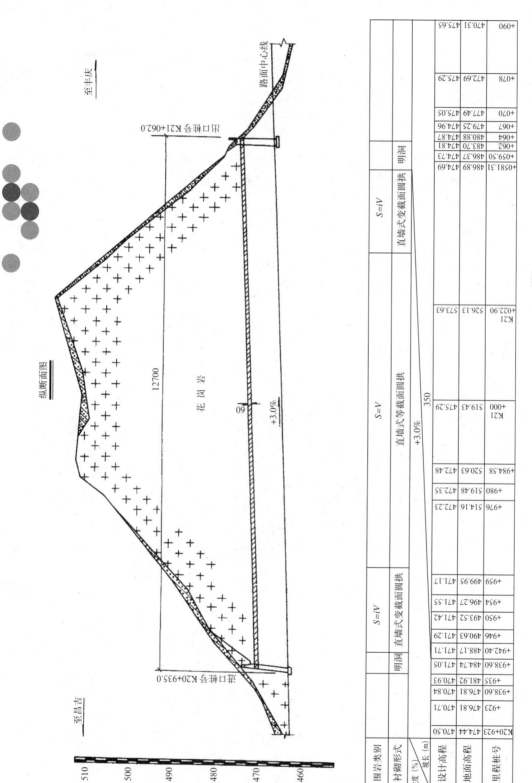

图 9-3 隧道纵断面图

一般纵断面图比例采用纵向1∶100、横向1∶1000，如果高差甚大，隧道较长时，比例尺可用纵向1∶200、横向1∶2000，本图因隧道短，地形高差较大，纵横向比例均采用1∶500。

隧道的引线设计图主要反映隧道两端与路线的连接情况，包括洞口附近平曲线、引线纵坡及路肩的宽度过渡和为适应光线及视觉过渡所设置的其他构筑物（如遮光棚等），它的图示特点和读图规律与前述构筑物图样类似，在此不再述及。

3. 横断面图

隧道横断面图主要包括限界标准，横断面形式，人行道布置和路面结构等内容。隧道建筑限界是为保证隧道内各种交通的正常运行与安全，在规定的一定宽度和高度的空间限界内不得有任何部件或障碍物（包括隧道本身的通风、照明、安全、监控及内装修等附属设施）。图9-4所示为某隧道横断面净空标准图。

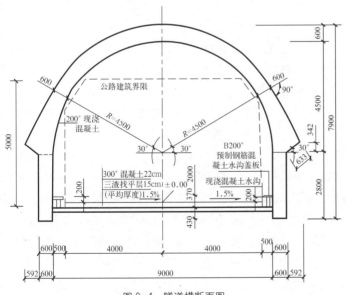

图9-4 隧道横断面图

9.2.3 隧道洞门结构图识读

隧道工程结构主要由两部分组成，隧道洞门（洞口）和隧道洞身（包括衬砌、避车洞）等。

1. 隧道洞门的构造

隧道洞门按地质情况和结构要求，有下列几种基本形式。如图9-5所示。

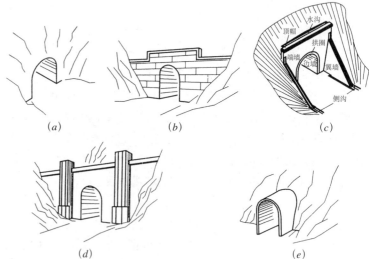

图 9-5 洞门构造类型
(a) 环框洞门；(b) 端墙式隧道门；(c) 翼墙式隧道门；
(d) 柱式隧道门；(e) 凸出式新型隧道门

(1) 环框洞门：当洞口石质坚硬稳定，可仅设环框洞门，起加固洞口和减少洞口雨后漏水等作用。

(2) 端墙式洞门：端墙式洞门适用于地形开阔、石质基本稳定的地区。端墙的作用在于支护洞门顶上的仰坡，保持其稳定，并将仰坡水流汇集排出。

(3) 翼墙式洞门：当洞口地质条件较差时，在端墙式洞门的一侧或两侧加设挡墙，构成翼墙式洞门。它是由端墙、洞口衬砌（包括拱圈和边墙）、翼墙、洞顶排水沟及洞内外侧沟等部分组成。

(4) 柱式洞门：当地形较陡，地质条件较差，仰坡下滑可能性较大，而修筑翼墙又受地形、地质条件限制时，可采用柱式洞门。柱式洞门比较美观，适用于城市要道、风景区或长大隧道的洞口。

(5) 凸出式新型洞门：目前，不论是公路还是铁路隧道采用凸出式新型洞门的越来越多了。这类洞门是将洞内衬砌延伸至洞外，一般凸出山体数米。它适用于各种地质条件，构筑时可不破坏原有边坡的稳定性，减少土石方的开挖工作量，降低造价，而且能更好地与周边环境相协调。

2. 隧道洞门的表达

隧道洞门图一般包括隧道洞门的立面图、平面图和剖面图、断面图等。图 9-6 是用于公路的柱式隧道洞门。

(1) 立面图

立面图也是隧道洞门的正面图，它是沿线路方向对隧道门

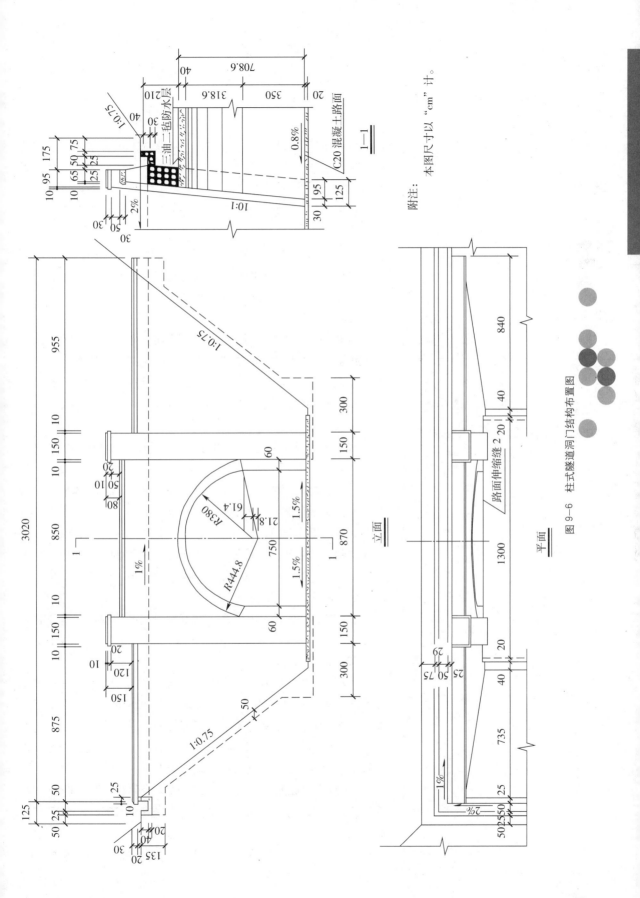

图 9-6 柱式隧道洞门结构布置图

进行投射所得的投影。它主要表示洞口衬砌的形状和尺寸、端墙的高度和长度、端墙及立柱与衬砌的相对位置，以及端墙顶水沟的坡度等（图9-6）。对于翼墙式洞门还应表示出翼墙的倾斜度、翼墙顶排水沟与端墙顶水沟的连接情况等，如图9-7所示。

（2）平面图

平面图是隧道洞门的水平投影（图9-6），用来表示端墙顶帽和立柱的宽度、端墙顶水沟的构造和洞门处排水系统的情况等。洞门拱圈在平面图中可近似地用圆弧画出。

（3）剖面图

图9-6所示中的1—1剖面图是沿隧道中线所作的剖面图。它表示端墙、顶帽和立柱的宽度、端墙和立柱的倾斜度10∶1、端墙顶水沟的断面形状和尺寸，以及隧道顶上仰坡的坡度1∶0.75等。

3. 隧道洞门图的识读

（1）概述

现以图9-7的隧道洞门图为例说明阅读隧道洞门图的方法和步骤：

1）首先作总体了解，图9-7所示的隧道门是带翼墙的单线曲边墙铁路隧道洞门。隧道门由五个图形组成，除了正面图和平面图之外，还画出了1—1剖面图和2—2、3—3两个断面图。1—1剖面的剖切位置示于正面图中，是沿隧道中线剖切后向左投射得到的剖面图。2—2和3—3断面的剖切位置示于1—1剖面图中，是剖切后向前投射得到的图形。

2）其次，根据投影关系，弄清楚洞门各组成部分的形状和尺寸。

（2）端墙和端墙顶水沟

1）从正面图和1—1剖面图可以看出，洞门端墙是一堵靠山坡倾斜的墙，倾斜度为10∶1。端墙长1028cm，墙厚在水平方向上为80cm。墙顶设有顶帽，顶帽上部的前、左、右三边均做成高为10cm的抹角。墙顶的背后有水沟，从正面图上看出，水沟是从墙的中间向两旁倾斜的，坡度为5%。

2）结合平面图可看出，端墙顶水沟的两端有厚为30cm的挡墙，用来挡水。从正面图的左边可得知挡墙高200cm，其形状用虚线示于1—1剖面图中。

3）汇集于沟中的水通过埋设在墙体内的水管流到墙面上，

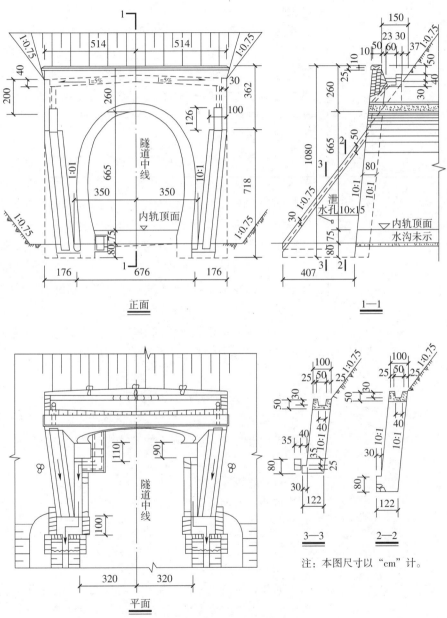

图 9-7 翼墙式隧道洞门结构布置图

凹槽里，然后流入翼墙顶部的排水沟中。

4）由于端墙顶水沟靠山坡一边的沟岸是向左右两边按5%的坡度倾斜的，所以它与洞顶1∶0.75的仰坡面相交产生两条一般位置直线，平面图中最上面的那两条斜线就是这两交线的水平投影。

5）沟岸和沟底都向左右两边倾斜，这些倾斜平面的交线是正垂线，它们在平面图中与隧道中线重合。水沟靠洞门一边的沟壁是倾斜的，它是一个倾斜的平面，与向两边倾斜的沟底交出两条一般位置直线，其水平投影是两条斜线。

（3）翼墙

从正面图中可看出端墙两边各有一堵翼墙，它们分别向路堑两边的山坡倾斜，坡度为10∶1。结合1—1剖面图可以看出，翼墙的形状大体上是一个三棱柱。从3—3断面图可以得知翼墙的厚度、基础的厚度和高度，以及墙顶排水沟的断面形状和尺寸。从2—2断面图中可以看出此处的基础高度有所改变，而墙脚处还有一个宽40cm、深35cm的水沟。在1—1剖面中还示出了翼墙中下部有一个10cm×15cm的泄水孔，用它来排出翼墙背面的积水。

（4）侧沟

从图9—7所示的平面图中可看出，翼墙顶排水沟和翼墙脚侧沟的水先流入汇水坑，然后再从路堑侧沟排走。

9.2.4　隧道洞身结构图识读

隧道洞身主要包括衬砌、避车洞等。洞身衬砌的类型主要有直墙式、曲墙式、喷锚式、预制环片式等。

1. 衬砌结构类型

（1）直墙式衬砌

直墙式衬砌（图9—8）形式通常用于岩石地层垂直围岩压力为主要计算荷载、水平围岩压力很小的情况。一般适用于Ⅴ、Ⅳ类围岩，有时也可用于Ⅲ类围岩。

（2）曲墙式衬砌

通常在Ⅲ类以下围岩中，水平压力较大，为了抵抗较大的水平压力把边墙也做成曲线形状，如图9—9所示。

（3）喷锚式衬砌

为了使喷射的混凝土结构受力状态合理，洞身应采用光面爆破开挖，使洞室周边平顺光滑，成型准确，减少超欠挖。然后在适当的时间向洞壁喷射混凝土，即为喷混凝土衬砌。根据实际情况，需要安装锚杆的则先装设锚杆，再喷射混凝土，即为喷锚衬砌，如图 9-10 所示。

（4）环片式衬砌

环片式衬砌适用于盾构施工的土体隧道。盾构机掘进一定长度后，由盾构机的机械臂将预应力预制环片顶压于洞壁四周，并用螺栓紧密连接，再注压混凝土封堵，共同形成环片式衬砌，如图 9-11 所示。

图 9-8 直墙式衬砌

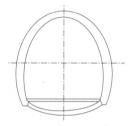

图 9-9 曲墙式衬砌

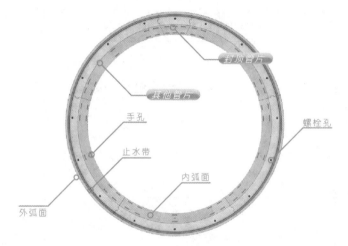

图 9-11 洞身预制环片衬砌示意图

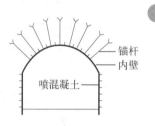

图 9-10 喷锚式衬砌

2. 隧道内的避车洞图

避车洞是用来供行人和隧道维修人员以及维修小车躲让来往车辆而设置的地方，设置在隧道两侧的直边墙处，并要求沿路线方向交错设置，避车洞之间相距为 30～150m。

避车洞图包括纵剖面图、平面图、避车洞详图。为了能够详尽反映避车洞的细部结构，绘图时纵向和横向往往采用不同的比例。

（1）纵剖面图

纵剖面图表达洞内大、小避车洞的形状和位置，同时也反映了隧道拱顶的衬砌材料情况，如图 9-12（a）所示。

（2）平面图

平面图主要表示大、小避车洞的进深尺寸和形状，并反映避车洞在隧道中的总体布置情况，如图 9-12（b）所示。

(3) 避车洞详图

避车洞详图是将形状和尺寸不同的大、小避车洞绘制成图 9—13 所示详图。避车洞底面做成向内倾斜的坡度，以利排水。该图是洞身结构施工的重要依据。

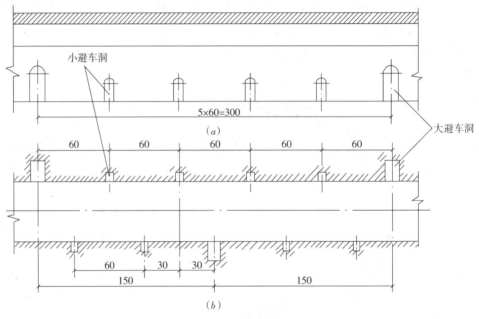

图 9—12　避车洞布置图
(a) 纵剖面；(b) 平面

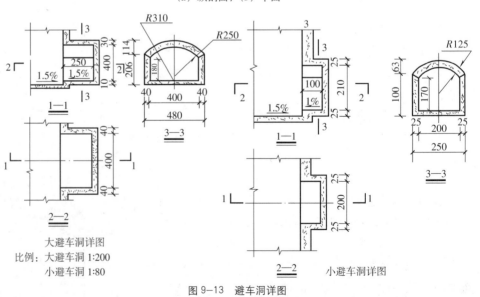

图 9—13　避车洞详图

9.3* 通道工程图

由于通道工程的跨径一般也比较小，故视图处理及投影特点与涵洞工程图一样，也是以通道洞身轴线作为纵轴，立面图以纵断面表示；水平投影则以平面图的形式表达，投影过程中同时连同通道支线道路一起投影，从而比较完整地描述了通道的结构布置情况。图 9-14 所示是某通道一般布置图。

1. 立面图

从图 9-14 可以看出，立面图用纵断面取而代之，高速公路路面宽 26m，边坡采用 1∶2，通道净高 3m，长度 26m，与高速路同宽，属明涵形式。洞口为八字墙，为顺接支线原路及外形线条流畅，采用倒八字翼墙，既起到挡土防护作用，又保证了美观。洞口两侧各 20m，支线路面为混凝土路面，厚 20cm，以外为 15cm 厚砂石路面，支线纵向用 2.5% 的单坡，汇集路面水于主线边沟处集中排走，由于通道较长，在通道中部，即高速路中央分隔带设有采光井，以利通道内采光透亮之需。

2. 平面图及断面图

平面图与立面对应，反映了通道宽度与支线路面宽度的变化情况，还反映了高速路的路面宽度及与支线道路和通道的位置关系。

从平面可以看出，通道宽 4m，即与高速路正交的两虚线同宽，依投影原理画出通道内壁轮廓线。通道帽石宽 50cm，长度依倒八字翼墙长确定。通道与高速路夹角 α，支线两洞口设渐变段与原路顺接，沿高速公路边坡角两边各留出 2m 宽的护坡道，其外侧设有底宽 100cm 的梯形断面排水边沟，边沟内坡面投影宽各 100cm，最外侧设 100cm 宽的挡堤，支线路面排水也流向主线纵向排水边沟。

在图纸最下边还给出了半 I-I、半 II-II 的合成剖面图，显示了右侧洞口附近剖切支线路面及附属构筑物断面的情况。其混凝土路面厚 20cm、砂垫层 3cm、石灰土厚 15cm、砂砾垫层 10cm。为了读图方便，还给出半洞身断面与半洞口断面的合成图，可以知道该通道为钢筋混凝土箱涵洞身，倒八字翼墙洞口。

通道洞身及各结构的一般构造图及钢筋结构图与前面介绍的桥涵图类似，因此不再述及。

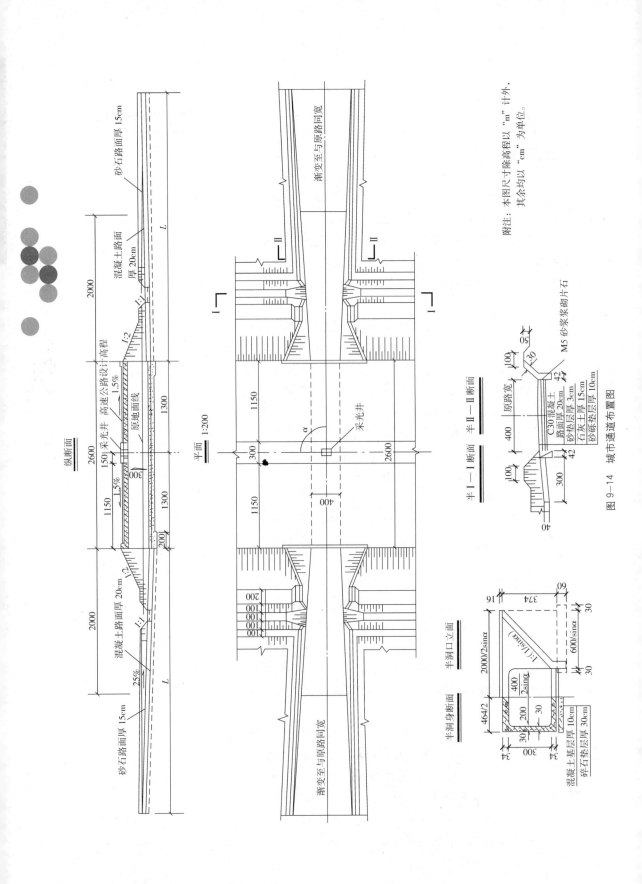

图 9-14 城市通道布置图

| 训练活动 | 隧道工程图识读 |

一、活动目的

本项活动的目的是：通过提问或小组讨论的形式，使学生了解隧道工程结构的基本常识，巩固基本概念，理解隧道工程图的特点。

二、项目内容

1. 隧道按照用途划分为哪几类？
2. 隧道工程图纸由哪几部分组成？
3. 隧道的洞门有哪几种？
4. 隧道的衬砌有哪几种？
5. 仔细识读图9–15隧道洞门结构图，回答以下问题。

（1）洞门结构采用了哪几种视图来表达？

（2）图中的①、②、③、④表示的是洞门哪些结构名称？

（3）洞门结构和洞身衬砌是哪种类型？

（4）洞内路面结构层的材料和厚度是多少？

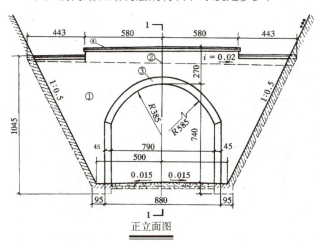

正立面图

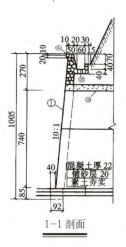

1—1 剖面

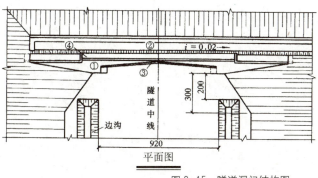

平面图

图9–15　隧道洞门结构图

主要参考文献

[1] 朱育万主编.画法几何及土木工程制图.北京：高等教育出版社，2005.

[2] 张力主编.市政工程识图与构造.北京：中国建筑工业出版社，2007.

[3] 寇方洲等编.建筑制图与识图.北京：化学工业出版社，2007.

[4] 杨玉衡主编.市政桥梁工程.北京：中国建筑工业出版社，2007.

[5] 《总图制图标准》GB/T50103—2001.北京：中国计划出版社，2002.

[6] 《建筑制图标准》GB/T50104—2001.北京：中国计划出版社，2002.

[7] 《道路工程制图标准》GB50162—1992.北京：中国计划出版社，1993.